U0004691

Around the World in 80 Birds

跟著 80種 鳥環遊世界

麥克‧昂溫 Mike Unwin ◎ 作

三宅瑠人 Ryuto Miyake ◎ 繪

蔣尚恩 ◎ 譯

晨星出版

目次

譯序

　　全世界有 11,000 種鳥類，本書作者麥克要從中精挑細選 80 種世界各地極具代表性的鳥類，心裡肯定有非常多掙扎和取捨；這些入選者們有些與人類文化有深厚的淵源，有些擁有華麗的外表，有些則身懷絕技。閱讀本書認識鳥類的同時一邊環遊世界，是一種很有趣的體驗；除了能夠一窺當地的文化，了解不同民族是如何看待鳥類，還可以感受到周圍的地景隨之改變；從濕地到沙漠，從高山到海島，不同的環境棲息著各式各樣的鳥類，而牠們面對環境的挑戰時也演化出特殊的適應，讓人不禁讚嘆大自然的奧妙。

　　鳥類是一種不可思議的生物，牠們的存在感極其強大，走在山林間甚至城市街道時，鳥類往往是最吸引目光的動物，也難怪人們喜愛鳥類到可以把牠們當作國徽。以台灣來說，最融入生活的不外乎是千元紙鈔上的帝雉，你也一定聽過大名鼎鼎的國鳥台灣藍鵲。台灣的原住民也與鳥類有著深厚連結，例如布農族尊敬紅嘴黑鵯，因為牠為族人啣回火種，而熊鷹是排灣族和魯凱族的聖鳥，其羽毛傳統上只有頭目才能配戴。

　　身為譯者，我並不是一開始就認識每種鳥，在閱讀文字和搜索資料的過程中，往往不由自主地憂慮，生怕讀到後面發現這是一種瀕臨絕種的鳥，因此每當我看到保育狀態是無危（LC）時往往有鬆一口氣的感覺。除了特有種之外，鳥類的分布是跨越國界的，許多候鳥更是每年進行跨洲旅行，因此保育工作更需要各國間的協力合作。閱讀本書時可以發現，除了直接捕獵之外，每種鳥面臨最大的生存威脅就是棲地破壞，在全民拚經濟、要建設要發展的環境下，很容易就會犧牲掉鳥類以及其他野生動植物賴以為生的家園，一旦一個物種滅絕了，就沒有機會再復育了，因此我們能做的就是好好珍惜現在擁有的美麗生物們。

我目前居住在澳洲，與來自台灣的同鄉聊天時發現一個很有趣的現象──在談到澳洲與台灣的環境差異時，曾經有不只一個人說過，澳洲隨處可見各種五顏六色的鸚鵡，生態環境比台灣好。這種說法對錯參半，首先，台灣沒有原生的鸚鵡，當然看不到鸚鵡，但台灣確實在都市的綠化程度較低，較難吸引鳥類棲息，然而台灣其實是個鳥類資源非常豐富的地方。

　　台灣的地理環境得天獨厚，從沿海平原到 3000m 的高山只需要開車 2 小時，因此擁有多樣的氣候型態和環境，孕育許多特有種動植物，同時位於東亞澳遷徙路線（East Asian–Australasian Flyway）的中心，吸引了大量候鳥。我曾在學校期間與學長姐組隊參加雲嘉南濱海國家風景區管理處舉辦的 2017 年台灣國際觀鳥馬拉松，顧名思義，這場比賽就是以雲嘉南為範圍，在 24 小時內上山下海，竭盡所能地紀錄最多鳥種。我當時主要擔任司機，搜尋和辨識鳥種由經驗豐富的學長姐負責。比賽從早上開始，我們在沿海的魚塭、濕地找尋水鳥；也在市區的公園找尋都市型的鳥類；並在夜色下沿著蜿蜒的公路開上阿里山，尋找夜行性鳥類；隔天清晨則是發現許多森林鳥類的好時機。最終我們的隊伍有幸獲得大會冠軍，總共記錄到 162 種鳥，這相當於台灣有紀錄鳥種的四分之一，其豐富程度可見一斑。

　　要欣賞鳥類一點都不困難，如同本書最後所說，想要認識鳥類最好的方法就是走出戶外，只需要善加利用我們與生俱來的感官，觀察牠的色彩、行為、姿態和聲音，你甚至不必知道眼前的鳥叫什麼名字。在看過書中爭奇鬥艷的鳥兒之後，不妨轉頭看看窗外，或許可以從那些習以為常的小鳥身上發現新的美。

前言

現在是早上 7 點 45 分，鳥兒們已經在我的一天中簽到了：吃早餐時，庭院裡大山雀的鳴聲和喜鵲嗒嗒嗒的機關槍聲；同時，我樓上的書桌旁，銀鷗的嗚咽聲飄過窗外。我在城裡工作的地方肯定算不上是個鳥類保護區，然而在一個普通的上班日，包含午休在公園閒晃的時間，我通常會看到或聽到差不多 25 種鳥。再加上從書脊到各種刺青，勢必會看到的大量鳥類形象——很顯然我們離不開鳥類。

有鑑於鳥類的數量之龐大，至今分類學家們仍在辯論確切的物種數量也不足為奇。奠基於 DNA 的新分類系統推翻了傳統的形態學分類系統，但目前廣泛接受的總數超過 11,000 種，與 6,400 種哺乳類以及 1 萬種爬行類相比，鳥類可能是所有脊椎動物中最多樣化的一個綱（class）。

當然，這些物種並不會均勻分布。物種最豐富的鳥類棲地是熱帶雨林，這解釋了為何世界上鳥類最多的國家前十名中，有六名都在南美洲北部；其中哥倫比亞（超過 1,950 種鳥的家）高居第一。然而，找不到任何一個地方沒有鳥類棲息，鳥類這個群體有著卓越的多樣性，讓牠們能夠征服地表最惡劣的環境，從沙漠和高山到冰帽和開闊的海洋。飛行能力讓牠們能夠到達地球的每個角落——並且簡單地藉由遷徙到新的棲地來躲避嚴冬或季節性的食物短缺。

不僅僅只是數量，當大部分的哺乳類都是小型夜行性動物，而大部分爬行類都躲在岩石或落葉堆下時，喧鬧、色彩繽紛的鳥類在我們日常生活中的各個面向便有著強烈的存在感。身為一個在英國小鎮長大的小孩，我的想像力可能曾經被生活在遙遠國度的蟒蛇和北極熊吸引，但實際上本地的鳥類才是我能親眼看到的，因此瞥見我的第一隻翠鳥或倉鴞（barn owl）才更有可能引誘我走入自然，

並且啟發我一生對於自然世界的熱愛。

　　鳥類是如此無所不在，或許解釋了為何比起其他動物，牠們幾個世紀以來引發了更多研究並且激發更多藝術創作。從科學的角度，鳥類是我們了解演化等基礎概念的途徑（想想達爾文的雀鳥）。在文化方面，牠們造就了無盡的音樂、藝術和文學，並且成為從軍事力量到靈魂昇華等各種事物的象徵。從諾亞的鴿子到阿茲特克神聖的咬鵑，所有文化都將某種鳥視為自身價值觀和信仰的映射。

　　本書講述 80 種鳥類的故事，每一種都對某個國家或地區具有特殊意義。鳥種的選擇旨在展現鳥類世界的多樣性，包括人氣明星鳥、海上漂泊的鳥、令人敬畏的猛禽以及熱帶美鳥。本書與其說是一個鳥類辨識指南或擺在咖啡桌上的畫冊，更著墨在鳥類對我們的意義；每個物種不僅有自然史的描述，也介紹了牠們與人類之間不論是文化、歷史或科學上的關係。

　　將我的選擇削減至 80 種是一個棘手的挑戰，我本可以輕易地選出另外 80 種——你可能會感到困惑或失望，因為遊隼和孔雀這些家喻戶曉的鳥類沒有入選，或是我沒有為任何一種鷺或啄木鳥保留位置，但我希望我的左右為難能夠強調出鳥類豐富的程度。

　　綜觀這個清單，我們總是顯而易見地被某些特質吸引目光。首先當然是基本的視覺衝擊，以鳳冠孔雀雉來説，我們很簡單地被牠華美的羽毛所震懾，許多鳥類以戲劇化的方式展現牠們的華麗裝飾：安地斯動冠傘鳥與華美天堂鳥在這方面確實當仁不讓。而且我們很常被怪異的事物吸引，就像被美麗的事物吸引一樣：例如艾草松雞展示的充氣囊或劍喙蜂鳥那長槍般荒謬的鳥喙。

　　但是視覺效果並不是鳥類唯一的魅力，牠們還有聲音能同時刺激我們的聽覺和想像力，促使我們為聲音賦予自己的意義。普通夜

鶯的複雜旋律充滿了抒情的浪漫，而渡鴉嘶啞的嘎嘎聲則讓人聯想到死亡。沒有什麼像鳥類的叫聲一樣，能夠如此生動地喚起關於某地的記憶——不論是普通潛鳥顫抖的嚎哭聲所體現的加拿大荒野，或是在笑翠鳥狂笑聲中呼喚的塵土飛揚的澳洲內陸。

鳥類非比尋常的行為同樣地啟發我們。我們為縫葉鶯縫製葉子搖籃的技巧或是群居織巢鳥集體建造乾草堆公寓而鼓掌；我們對在泡沫飛濺的安地斯大瀑布中撫育雛鳥的湍鴨或黑喉嚮蜜鴷引導蜂蜜採集者找到蜂巢的情景感到驚艷；而對於皇帝企鵝雄鳥在南極寒冰上用腳孵蛋；或者是普通雨燕能夠飛在空中一年以上不落地，我們則感到難以置信。

在這驚人的多樣性之中，有些鳥種已經與我們的生活緊密交織，包括那些我們當作資源捕獲的鳥類；不論是為了牠們的肉、蛋還是羽毛，或是經過大規模馴化利用的鳥類——以家雞為最大宗，牠們的野外祖先紅原雞仍然徜徉在亞洲南部的森林中。其中還包括那些適應了人造環境的物種：例如聚集在瑞士滑雪勝地的黃嘴山鴉；以及美國人家後院裡，住進多層巢箱的紫崖燕。

在所有的物種之中，最廣為人知的是那些被我們提升為文化象徵的種類，牠們被賦予擬人化的特質，例如美麗、力量或智慧，因此差異甚大的物種比如紫冠蕉鵑（史瓦帝尼）和栗鳶（印度），在各自的地區與王室有關聯，甚至有著神聖的地位。而其他物種像是鷸鴕和白頭海鵰則廣泛的被認為是國家的象徵，承載著整個國家的驕傲。

有一些鳥類被選入本書是因為另一項比較令人擔憂的因素：牠們的稀有性。對於本書選出的 80 種鳥類中的每一種，我都加上了國際自然保護聯盟（IUCN）所評估的保育狀態，從無危（LC）到極危（CR）。許多鳥是如此接近滅絕邊緣以至於因此聞名，例如泰國八色鶇和鴞鸚鵡，凸顯了人類對全球鳥類災難性的影響。在過去的 500 年間，我們已經將至少 150 種鳥類推向滅絕，而如今有

八分之一的鳥類處於瀕危狀態，原因涵蓋了從迫害到貿易等各種原因。最重要的是，鳥類一直遭受我們持續破壞牠們的自然棲息地，不論是森林砍伐、農業開發、都市化、汙染、外來入侵種，或很可能是最具毀滅性的威脅──氣候變遷。

如今保育工作正在一點一滴的努力進行，而社會大眾日漸提高的關注度代表著至少有行動的意願。正如鄉村裡備受喜愛的物種的消失，或海灘上全身沾滿油污的海鳥觸動許多人的心；鳥類引人注目的特性意味著人們很難忽視牠們的困境。這也代表鳥類常常是更大規模危機來臨前的第一個警告。舉例來說，在 1960 年代，是遊隼的數量下降警告科學家食物鏈裡的殺蟲劑 DDT 造成的毀滅。藉由保護鳥類，我們從而保護了所有生物賴以為生的自然環境──包括我們自己。

鳥類也提供了無形的但同等重要的功能：例如陪伴、愉悅以及增進心理健康。我開始寫這本書時，正值 Covid-19 疫情陰霾壟罩全球，在我這個世界的一角，充斥著隨之而來的恐懼和混亂，對於幾百萬個困在家裡無法去工作、旅遊或跟愛人見面的人來說，鳥類迅速成他們安慰和解脫的來源，人們開始在保持社交距離的散步時光中仰望天空，或傾聽那些填補了新的寂靜的聲音。對許多人來說，這些快樂是一種啟示，我們現在面臨的最大挑戰是不要忘了身體力行，支持地球上鳥類的未來，鳥類需要我們，而且更重要的是我們需要鳥類。

※ 國際自然保護聯盟（**International Union for Conservation of Nature**）
以下簡稱 **IUCN**，保育等級的中文以及縮寫如下：

絕滅（EX）Extinct	野外絕滅（EW）Extinct in the Wild
極危（CR）Critically Endangered	瀕危（EN）Endangered
易危（VU）Vulnerable	近危（NT）Near Threatened
無危（LC）Least Concern	數據缺乏（DD）Data Deficient
未做評估（NE）Not Evaluated	

烏干達

鯨頭鸛 | Shoebill

Balaeniceps rex

　　一隻鯨頭鸛降落在英國維多利亞時代著名博物學家約翰·古爾德（John Gould）的書桌上，他曾對倫敦動物學會如此敘述：「這是我多年以來見過最非凡的鳥類。」更早幾年，德國探險家斐迪南·維爾（Ferdinand Werne）在穿越廣闊的薩德沼澤（Sudd）尋找尼羅河源頭時，已經取得鯨頭鸛的標本，這是西方科學界首次得知鯨頭鸛的存在。

　　作為一個身經百戰的鳥類收藏家，古爾德並不是喜歡誇大的人，但他幫鯨頭鸛取了個華麗的學名——*Balaeniceps rex*，意思是「鯨魚頭王」，足以證實鯨頭鸛給他的衝擊有多大。至今有些人仍稱牠們為鯨頭鸛（Whale-headed stork），然而更廣為人知的名稱——Shoebill（鞋子鳥嘴）源自於阿拉伯文 *abu markub*，意思是「鞋子之父」。兩個名字皆是在讚賞這種鳥最顯眼的特徵，並且證實其他文化在更早以前就已經知道這種鳥的存在。的確，早在全新世[1]早期，撒哈拉還被濕地覆蓋的時候，阿爾及利亞東部 Oued Djerat 的岩畫中就可以找到鯨頭鸛了。

　　鯨頭鸛的分類至今仍困擾著科學家——古爾德最早曾認為鯨頭鸛是鵜鶘的親戚，但這個理論後來被推翻了，有些科學家傾向將牠歸類成鷺，而有些人則將牠跟鸛放在一起。而現在 DNA 證據讓鯨頭鸛回歸到鵜鶘科，算是還了古爾德一個清白。

　　無論牠的名字或演化親緣關係如何，鯨頭鸛無疑是種氣勢雄偉的生物，牠們站立時可達 1.5m 高，寬大的翅膀翼展（wing span）[2]可達 2.5m。古爾德認為氣勢最非凡的部位是牠巨大的鳥喙，鯨頭鸛突出的鳥喙長 23 公分、寬 10 公分，看起來就像一隻荷蘭木鞋，甚至連容量都一樣。此外，鳥喙的尖端有尖銳的鉤子，下喙邊緣如刀片一樣鋒利。

　　鯨頭鸛著名的鳥喙使其成為非洲最傑出的伏擊獵魚手。牠會在紙莎草沼澤裡的隱蔽水道中站立不動，撲向狩獵範圍內任何適合的犧牲者，然後用鳥

1　地球歷史上最年輕的地質年代，約從 11700 年前開始至今。
2　鳥類或蝴蝶等有翼動物在完全伸展翅膀時，左右翅尖的距離。或是固定翼飛機的左右機翼尖端距離。

喙鏟、刺及壓碎獵物。雖然牠偏愛的獵物是非洲肺魚這樣的魚類，但也會攻擊烏龜、蛇、水鳥甚至年輕的鱷魚，可以說任何能塞進鳥嘴的生物，都能成為牠的獵物。

如此獨特的鳥類直到 1851 年才進入西方科學的視線中，反映出牠對棲地的選擇：鯨頭鸛只棲息在非洲某些最人跡罕至的濕地，並且需要至少 2 km² 不受干擾的領域才能進行繁殖。雖然在南蘇丹的薩德仍保有最大的族群量，然而烏干達是最有機會一親芳澤的地方，特別是白尼羅河沿岸、默奇森瀑布國家公園（Murchison Falls National Park），以及維多利亞湖周邊。

現今鯨頭鸛的分布範圍橫跨九個中非國家，從北方的蘇丹到南方的尚比亞。零散的族群數量據估計不超過 8000 隻，而且受到沼澤乾涸的威脅，鯨頭鸛被 IUCN 列為易危（VU）物種。然而對於世界各地的賞鳥者來說，鯨頭鸛仍是地球上最受歡迎的明星之一。

坦 尚 尼 亞
黃嘴牛椋鳥
Yellow-billed Oxpecker

Buphagus africanus

　　穿過坦尚尼亞的塞倫蓋提，牛羚、斑馬與其他草食動物一年一度的遷徙
被譽為是「地球上最盛大的野生動物秀」。對於獅子這樣的動物，如此巨大的
生物量（Biomass）無疑是一場盛宴，但更小的生物也能在這群動物中找到食
物──尤其是這種不尋常的鳥，他們的整個生命週期都仰賴這群草食動物。

　　牛椋鳥屬於非洲特有的牛椋鳥科（Buphagidae），黃嘴是兩種牛椋鳥中的
一種，鳥如其名，鳥喙的顏色是分辨牠與表親紅嘴牛椋鳥（*B. erythrorynchus*）
的最好方法，兩者皆是棕色、體型跟椋鳥差不多，總是停棲在大型哺乳類身
上，他們在這裡不只能找到食物，還能當成整理羽毛、棲息和交配的平台，甚
至還能取得用來築巢的毛髮。

　　黃嘴牛椋鳥零散分布在東、西及中部非洲，牠偏好棲息在體型較大的
哺乳類身上，例如水牛、牛羚和家牛；而紅嘴牛椋鳥會選擇小一點的動物，
例如高角羚（impala）。但兩者都會選擇多樣的宿主，而分布範圍重疊的地
區，牠們甚至會在同一隻動物身上排排站，此時黃嘴的通常具有優勢地位。

　　自然學家們曾經將牛椋鳥與宿主間的關係視為典型的互利共生，非洲草
原的大型哺乳類會受到寄生蟲感染，例如蜱蟲及膚蠅（botfly）幼蟲，這些
寄生蟲為牛椋鳥提供了豐富的食物來源，牛椋鳥會成群地聚集在宿主身上，
探查每一個孔洞並且熟練地夾出寄生蟲，這筆交易看似雙贏──鳥兒獲得免
費食物，宿主得到專屬梳理服務；而且一隻成年黃嘴牛椋鳥一天可以吃掉超
過 100 隻吸飽血的蜱蟲或 13,000 隻幼蟲，非常有效率。

　　然而現在科學家懷疑這種關係更偏向單方面受益，經過仔細的觀察，
發現牛椋鳥將大部分注意力集中在宿主的傷口和擦傷上，牠們的啄食和探查
動作使得傷口保持開放。這項發現揭露了牛椋鳥飲食的關鍵成分之一──血
液；牠們移除的蜱蟲之所以如此美味，是因為許多早已吸飽了血。牛椋鳥也
會清除耳屎和死皮，因此牠們從宿主身上吃掉的分量其實和寄生蟲吃掉的一
樣多，那麼或許這種鳥才是真正的寄生蟲。

關於牛椋鳥的研究一直都沒有定論，一項針對辛巴威家牛的研究指出，有接觸牛椋鳥的牛隻與沒有接觸的牛隻相比，身上的蜱蟲並沒有減少，而且牠們身上的傷口花了更久的時間癒合。然而另一項對於高角羚的研究顯示，被牛椋鳥造訪的個體比起沒有接觸牛椋鳥的個體，花更少的時間在梳理自己。無論如何，大多數哺乳類宿主通常都能夠忍受這種不適——除了大象之外，牠們會用憤怒的象鼻把鳥揮走。

黃嘴牛椋鳥只有在繁殖時才會離開宿主，牠們在雨季築巢，巢穴通常位於樹洞中，鋪滿草和從宿主身上拔來的毛髮。雌鳥會產下 2 或 3 顆蛋，上一窩的兄姊會幫助父母餵養幼鳥，幼鳥離巢之後，就算是停在大又毛茸茸的宿主身上時，也仍會繼續討食。

尚比亞
黑喉嚮蜜鴷 | Greater Honeyguide
Indicator indicator

在尚比亞中部的卡富埃（Kafue），茂密的米翁波林地（Miombo woodlands）[3] 裡的一個清晨，兩名男子正在跟隨著一隻鳥穿越灌木叢，鳥看起來不怎麼顯眼，就是隻普通的棕色小鳥（little brown job）[4]，有著短短的粉紅色鳥喙和黑色的喉部，牠可能會被大部分的人忽略，但來自當地村落的人們知道更多關於這種棕色小鳥的祕密。

這隻鳥從一棵樹上跳到另一棵樹，同時不斷地發出叫聲，並且快速展示醒目的白色外側尾羽，顯然正吸引著男子們的注意力；每次靠近，鳥都會帶領他們向前走一段路，當他們似乎轉錯彎時，鳥的鳴叫聲則會變得更加著急。大約在 1km 後，他們到達了一株大猴麵包樹（baobab），鳥兒馬上輕盈地飛到上層的枝椏並且停止鳴叫──牠已經完成了自己這部分的工作，現在該是跟隨者完成剩下的部分了。

這個鳥類中的花衣魔笛手就是黑喉嚮蜜鴷，正如牠引導人們找到蜂蜜，牠的原文名字以「honey」與「guide」組成，可謂鳥如其名。果然，現在這兩名男子能夠聽到蜜蜂巢無法掩蓋的嗡嗡聲從猴麵包樹樹幹上的一個洞中傳出，他們利用冒煙的樹枝壓制憤怒的蜂群，然後爬上樹挖出蜂巢。黑喉嚮蜜鴷耐心地等待，一旦男人們離開，牠就可以大快朵頤剩下的蜂蜜。這是一種歷史悠久的合作關係，非洲許多鄉村聚落的黏牙食物，在傳統上就是這麼來的。

黑喉嚮蜜鴷分布在非洲撒哈拉以南大部分的開放林地，在 17 種嚮蜜鴷之中（嚮蜜鴷科 Indicatoridae），已知只有兩種具備與名字相同的能力，黑喉嚮蜜鴷便是其中一種。雖然這種說法未經證實，然而有人說牠們也會對蜜獾（honey badger）提供相同的服務──蜜獾是一種貪吃的肉食性動物，鍾情於蜂蜜並且有厚實的皮膚可以抵禦蜂螫。不管怎麼說，黑喉嚮蜜鴷確實不愧對牠的學名：*Indicator indicator*。[5]

嚮蜜鴷本身並不吃蜂蜜，牠真正有興趣的是留在蜂巢裡的肥美幼蟲以及

3　Miombo woodland 是橫跨中部非洲的熱帶／亞熱帶生態系，包括草原、莽原和灌叢。
4　Little brown job 是賞鳥者用來描述難以區分的棕色小型鳥類的非正式名稱。
5　屬名及種小名皆為「指標」之意。

蜂蠟，並具有能夠消化蜂蠟的特殊能力。沒有哺乳動物的幫忙時，牠會在早晨時獨自前往蜂窩，此時的蜜蜂比較遲緩，或是牠也會尋找蜜獾劫掠過的蜂巢，有時也捕捉成群的白蟻或其他飛蟲。

說服大型哺乳類並不是黑喉嚮蜜鴷外包勞力的唯一方式，跟杜鵑鳥（見第 54 頁）一樣，牠也是巢寄生的鳥類，會把蛋下在別的鳥類巢裡，主要是在洞穴裡築巢的鳥種像是擬啄木鳥（barbets）和翠鳥（kingfisher），因為這些鳥把外來的幼雛視如己出。黑喉嚮蜜鴷的雌鳥會在每個巢裡產一顆卵，一個繁殖季裡可以產下至多 20 顆卵，她可能會在產卵的過程打破宿主的蛋，如果沒有，她那些仍然眼盲且全身光禿禿的幼雛們，就會用鳥喙上銳利的刺戳破宿主的蛋並且殺害牠的幼鳥。

對於想利用黑喉嚮蜜鴷服務的人來說，有一個條件必須遵守，非洲的民間傳說如此警告說——你「每次」都必須留下蜂蜜做為謝禮，否則下次不滿的鳥就會引領你找到一些不那麼吸引人的東西：或許是隻黑曼巴蛇，或是一隻生氣的花豹，別說我沒警告你。

群居織巢鳥 | Sociable Weaver

Philetairus socius

　　沿著納米比亞東部和中部乾旱的地景旅行，沒多久就會遇到看起來像是巨大乾草堆的東西，這些「乾草堆」有的填塞在刺槐樹（acacia）上，甚至是不可思議地懸掛在電線桿上。這些怪異的建築是群居織巢鳥的傑作，牠們是一種吃種子的小型雀鳥，其龐大的公共住宅是鳥類世界中之最，較大的鳥巢可達 5m 寬並且重量超過 1 噸。

　　與許多織巢鳥一樣，群居織巢鳥成群地築巢，然而不同的地方在於，牠們不是每對鳥建造各自的巢，而是共同合作，建造一個可以容納超過 300 隻鳥的茅草公寓大樓；其中擁有高達 100 個獨立的巢室，這樣的結構可以留存超過一個世紀，為世世代代的鳥群提供住所。

　　駱駝刺槐（camelthorn, *Acacia erioloba*）柔軟的豆莢散落在納米比亞乾涸的河谷中，長成穩固的大樹，群居織巢鳥的建築工程便從將堅固的樹杈處作為平台開始。接下來織巢鳥會加入堅韌的草梗以增加重量；只要將草梗推入結構中，讓它們單純靠重量懸掛在一起。在下方，向下的隧道出入口組成蜂巢般的結構，每個出入口都通向一個裡面鋪著毛髮、植物絨毛或其他柔軟的材料的小巢室。帶刺的草梗插入隧道壁有助於擊退入侵者，例如蛇類——尤其是會尋找無人看護的雛鳥下手的黃金眼鏡蛇（cape cobra）和非洲樹蛇（boomslang）。

　　群居織巢鳥棲息在喀拉哈里（Kalahari）的半沙漠地帶，從納米比亞到鄰近的波札那和南非都有分布，是非洲南部的特有種。牠偏好草短的疏林莽原，相較於草長的地形比較不容易引發火災；而這裡嚴峻的環境特色是有著酷暑和寒冷的冬夜，鳥巢密實的乾草是良好的隔熱材料，幫助織巢鳥抵擋極端的溫度。

　　巢裡的居民甚少離家冒險超過 1km，而且牠們會不停地增建，雖然鳥巢可能會墜落地面，但如無意外這裡將會是牠們終生的家。其他像是牡丹鸚鵡等小型鳥類常常接手閒置的巢室；而大一點的鳥類，例如貓頭鷹，則會棲息在鳥巢頂部。其中一個值得注意的房客是非洲侏隼（pygmy falcon）——這種兇猛且嬌小的掠食者有助於保護織巢鳥社區，但有時也會抓走一些雛鳥作為酬勞。

史瓦帝尼
紫冠蕉鵑 | Purple-crested Turaco
Tauraco porphyreolophus

　　每年 9 月，非洲南部的小國史瓦帝尼王國會停止一切工作，成千上萬的女孩聚集在盧齊齊尼皇家遊行場（Ludzidzini royal parade）上進行傳統的 *Umhlanga*，或稱蘆葦舞。在萬花筒般的盛大慶典中，有一種尤為鮮豔的鮮紅色羽毛頭飾，圍繞在國王和他的王室家族頭上。這些羽毛來自紫冠蕉鵑，在史瓦帝語中稱為 *Ligwalagwala*，這種鳥在王國中長期以來一直因其王室地位而受到崇敬。

　　這份榮耀對於紫冠蕉鵑是有代價的──為了供應為數眾多的史瓦帝尼王室成員，他們至今仍被大量捕捉。現任國王恩史瓦帝三世（Mswati III）的父親索布札（Sobhuza），號稱擁有超過 500 個小孩，因此今天有幾千人可以宣稱他們是王室後裔，而每一位都需要足夠的羽毛來製作皇家頭飾。

　　紫冠蕉鵑體型與烏鴉相近而擁有長尾，那些王室紅色羽毛是牠的初級飛羽[6]；紫冠蕉鵑喜歡隱匿在茂密的樹葉中，因此除非牠展翅在樹與樹之間飛躍，否則在活體身上不容易觀察到這些羽毛。然而這種華麗的生物擁有豐富的色彩，身體是濃豔的綠色、紫色和玫瑰粉，搭配一個濃密的紫色頭冠，這些色彩有獨特的化學性質：鮮紅色來自於一種叫做蕉鵑紅素（turacin）的色素，而綠色來自蕉鵑綠素（turacoverdin），兩者皆只能在蕉鵑家族中發現。

　　紫冠蕉鵑與南非灰蕉鵑（go-away bird）和灰蕉鵑（plantain-eater）都屬於非洲特有的蕉鵑（Musophagidae）家族，他們全部都是住在森林裡的食果鳥類，特徵是有鮮豔的顏色、長尾巴和飛行時較為笨拙。蕉鵑確實傾向於在樹枝間跳躍，只在受到壓力時飛行，他們通常會先向下滑翔，接著在一陣慌亂中拍翅上升，科學家猜測這種運動方式可能類似最原始的有羽毛的獸腳亞目（theropod）恐龍──鳥類就是從這些恐龍演化而來。

　　紫冠蕉鵑在史瓦帝尼（舊名史瓦濟蘭）以及南非東北部周邊地區還算常見，沿著東非往北最遠到肯亞南部都有分布。雖然不容易被人們看見，但是

6　初級飛羽著生在掌骨和指骨之間，是飛羽中最狹長的羽毛，因此常被拿來作為裝飾品。大多數的鳥類會有 10 枚初級飛羽，少數會擁有 9、11、12 枚。

紫冠蕉鵑宏亮刺耳的「叩叩叩」叫聲是這些棲息地特有的背景音。生性害羞的牠們喜歡常綠的森林及林地，並且會沿著河岸森林帶進入莽原；尤其是在西克莫無花果樹（sycamore fig tree）掛果纍纍的地方，牠們會將無花果整顆吞下。

　　除了備受王室的喜愛之外，當紫冠蕉鵑雄鳥展開翅膀並豎起頭冠進行求偶展示時，華麗的色彩會受到其他同類的青睞。一旦配對成功之後，牠們會將平台狀的巢高築在樹上，雌鳥會產下二或三顆白色光滑的蛋。幼鳥在僅僅三週大的時候就會離巢，利用翼上屬於痕跡器官的爪子在樹林間爬來爬去，直到孵化後 38 天，牠們才終於準備好飛翔。

辛巴威

短尾鵰 | Bateleur Eagle

Terathopius ecaudatus

　　1889 年一次進入未知的非洲南部的遠征探險，一個名叫威利·波賽爾特（Willi Posselt）的德國獵人蹣跚爬上一座古老城市廢墟的巨大石牆，在一座高高的圍欄內發現 8 個雕刻的皂石塑像，每個都描繪著同一種神祕的猛禽似的鳥。大小不一的鳥雕像最大的有 40cm 高，全都被排列在看起來像祭壇周圍的柱子上，波賽爾特無視當地嚮導的懇求，開始搜刮他能掠奪的東西。

　　今天我們可以得知這些是大辛巴威（Great Zimbabwe）的遺跡，該城市自 11 世紀由今日邵那族（Shona）的祖先建立後，繁榮了將近 300 多年。殖民時期時，羅德西亞人（Rhodesians）無法接受殖民前的非洲人有可能建立起如此複雜的文明，甚至主張這座城市是腓尼基人（Phoenicians）的作品。然而 1980 年辛巴威獨立時，新的領導人重新收回他們的文化遺產，以這座著名的遺址命名解放後的國家，並且將鳥放在國旗中央。

　　歷史學家現在認為辛巴威鳥是以短尾鵰為原型，這種充滿魅力的鳥被紹那族人尊崇為姆瓦里神（Mwari）的信使，長期以來在該地區享有圖騰的地位，因此似乎比非洲魚鷹（African fish eagle，也有著靈性的地位）更有可能是雕像的原型。8 個雕像象徵的意義有許多種解讀方式，有一說是每個雕像各自代表一位國王，然而其他地方並沒有找到類似的東西。

　　現實中的短尾鵰在非洲大草原上翱翔時同樣令人印象深刻，牠特有的搖擺飛行動作，使牠的名字常被說是來自法語的「走鋼索的人」。事實上，*bateleur* 更精確的翻譯是「街頭藝人」，無論如何，這種中大型老鷹長翅膀、短尾巴的飛行輪廓讓牠們明顯有別於其他體型相近的猛禽，牠花費最少的力氣以低速及低高度滑翔，一天之中大部分的時間都在天空中，掃視地面搜尋獵物，飛行範圍可超過 500km。

　　以老鷹的標準來說，成年的短尾鵰異常繽紛——鮮豔的紅色腿和臉部，搭配由黑色、淺灰和紅褐色組成，像是小丑般的羽衣；像貓頭鷹一樣的大頭則顯示出牠和短趾鵰屬（*Circaetus*）蛇鵰的相似之處，而牠確實是狩獵爬行動物的專家。鳥類和小型哺乳類也在牠的菜單中——包括腐肉，這種老鷹

經常在禿鷲到達之前便現身在屍體附近。短尾鵰據説很善於找到花豹藏在樹上的獵物，有時獵遊嚮導可以藉由先看到停棲在附近的短尾鵰而找到隱身在樹枝間的大貓。

從塞內加爾往南一直到南非北部，短尾鵰在非洲撒哈拉以南的開放環境中經常出現。牠們有終身的伴侶，每次繁殖季都會藉由壯觀的空中表演強化彼此的關係，雄鳥表演桶滾（barrel roll）並且俯衝到伴侶身上，而雌鳥翻過身展示牠的腳爪。夫妻在樹杈上築起牠們大型的樹枝巢，獨生的幼鳥可能需要花 8 年才能褪下身上棕色的未成鳥羽衣，之後才會換上成鳥獨特的裝扮。

至於那些雕刻呢？殖民期間被掠奪的工藝品四散各地，許多最終流落到南非，其中一件有名的位於開普敦的塞西爾・羅茲（Cecil Rhodes）的房子格羅特舒爾（Groote Schuur）中。大多數雕像都已收回，今天你可以在大辛巴威博物館看到它們，這裡現在是聯合國教科文組織的世界遺產，與此同時，從徽章到鈔票，它們的形象在辛巴威隨處可見。保育人士擔憂近期短尾鵰的數量日漸減少，希望牠們可以代代相傳繁衍不絕，與那些傳世的雕像一樣久遠。

甘比亞

棕櫚鷲 | Palm-nut Vulture

Gypohierax angolensis

　　死亡、屍體和屠殺是禿鷲的家常便飯，牠們毫無疑問是鳥界的肉食主義者，有著肉鉤狀的鳥喙和能夠鎖定 3km 外獵物的視力，牠們不太可能改吃素，去餵花豹吃萵苣還比較有可能。

　　然而大自然總是喜歡特例，在非洲 11 種禿鷲之中，有一種就演化得特立獨行。棕櫚鷲跟大熊貓（*Ailuropoda melanoleuca*）一樣，是自然界奇特的矛盾體——素食的肉食動物。棕櫚鷲是非洲體型最小的禿鷲，這種鳥放棄了吃肉的歡愉而鍾情於棕櫚果，準確來說是羅非亞椰子（raffia palm）的堅硬種子。牠利用鳥喙從樹上拽下戰利品，過程中經常是倒掛在樹上，接著用腳爪抓住果實，撕除堅硬的外殼然後大快朵頤美味的部分。

　　以成年棕櫚鷲來說，棕櫚果大約佔了飲食的 70%，幼鳥的比例更上升到接近 90%，然而即使是素食者偶爾也會有例外，棕櫚鷲有時會從海岸邊捕捉死魚（偶爾是活魚），確認了牠們的猛禽血統，牠們也會吃小型哺乳動物、小烏龜、螃蟹、蝗蟲甚至是落單的雞。這種鳥在甘比亞很常見，因為牠們會在漁村和旅遊景點附近尋覓剩餘的食物，在其他地方，牠廣泛分布於撒哈拉以南的非洲地區，但僅限於一些擁有羅非亞椰子樹或油棕樹的沿海地區，在更南部的地區較為罕見。

　　不論身在何處，引人注目的棕櫚鷲與非洲魚鵰（African fish eagles，*Haliaeetus vocifer*）經常共享濕地環境，前者有較大比例的白色羽毛，主要在翅膀上，很容易就能與後者區分開來。在飛行中，棕櫚鷲也比其他較大的禿鷲表親更矯捷，尤其是在繁殖季時，常見成對的鳥兒們在空中表演翻滾和俯衝。

　　棕櫚鷲通常在棕櫚樹、猴麵包樹或大戟屬的樹高處築巢，樹枝組成的平台狀鳥巢由草、瓊麻（sisal）纖維和動物糞便鋪墊。雄雌鳥皆會負責孵化單一個蛋，蛋在 4 至 6 週後孵出。雛鳥在 85 ～ 90 天後離巢，但是要至少 3 年才會完全換上成鳥的羽衣，這段期間牠們精進打破棕櫚果的技巧，為了成為素食禿鷲做準備。

白頸岩鵙 | White-necked Picathartes

Picathartes gymnocephalus

當古典語言學家第一次得知一種名為「picathartes」的鳥時，可能會好奇牠到底長什麼樣，畢竟在拉丁文裡 *pica* 和 *cathartes* 分別代表喜鵲和禿鷲，兩者的組合讓人難以想像。這種鳥確實有著像是禿鷲的光頭，以及像是喜鵲一樣較長的尾巴，然而仔細觀察會發現牠既不像禿鷹，也不像喜鵲，實際上也不太像任何其他的鳥——這或許解釋了為何鳥類學家對牠如此著迷，並且在牠居住地之一的獅子山有著重要的傳統意義。

這種獨樹一格的鳥也叫做「white-necked rockfowl」，自從在 1825 年首次被荷蘭動物學家康拉德·雅各·特明克（Coenraad Jacob Temminck）描述後，牠始終使科學家們困惑不解。雖然白頸岩鵙曾被歸類為烏鴉、椋鳥和其他家族，但現在已知牠屬於僅有兩個物種的岩鵙科（Picathartidae），另一種是灰頸岩鵙（grey-necked picathartes, *P. oreas*），分布在更東邊。分類學家相信這兩種鳥跟非洲南部的岩鶇（rockjumpers, 岩鶇科 Chaetopidae）和東南亞的白眉長頸鶇（rail-babbler, 長頸鶇科 Eupetidae）是親戚，這三個家族存續至今的物種，在分類學上共同代表了一個源自於澳洲的古老的目[7]。

白頸岩鵙體型大致與烏鴉相當，上身為黑灰色，下身為白色，還有裸露的黃色頭部，兩眼後方各有一個黑色大圓盤；牠有著長尾巴和長腿，在雨林棲地中的茂密林下植物和岩石斜坡間跳躍，利用牠強壯像烏鴉一樣的鳥喙捕捉森林地上的昆蟲和其他小型生物，行軍蟻屬（*Dorylus*）的行軍蟻是牠的最愛，牠也會加入森林裡其他鳥的覓食派對並且搶奪牠們的食物。

白頸岩鵙零散地分布在非洲西部，從西邊的幾內亞到東邊的迦納，牠在迦納長期以來被認為已滅絕，直到 2003 年才被重新發現。牠棲息在原始雨林和次生雨林中，偏好多岩石的區域，通常在森林裡的島狀山（inselbergs）周圍，會有小群體在隱蔽的懸崖下築巢。獅子山擁有最大的白頸岩鵙族群，這種岩石構造在傳統上被人們認為是祖靈的居所，而與這類

7　目（order）是一個物種分類的階層。

地方密切相關的白頸岩鶥因此被當成是有著崇高地位的守護者，時至今日，當地仍對牠們保有敬意。

　　繁殖通常以不超過 6 對的小群體的方式進行，牠們居住在靠近溪流的地方，在這裡可以找到用來製作懸崖下方的深杯型鳥巢所需要的濕潤泥巴。配對方式是一夫一妻制，一年生產兩窩，平均每窩有兩隻雛鳥，雛鳥大約在孵化後的 23 ～ 27 天離巢，牠們會滑翔到地面，而親鳥在地上準備食物等著牠們。成鳥大致上很安靜，儘管有時會發出像雞一樣的咯咯聲。

　　白頸岩鶥現在被列為易危（VU）物種，因為牠們的數量估計只剩不到 1 萬隻，現在牠是其分布範圍內的保育象徵，包括在獅子山的戈拉雨林國家公園，牠面臨的威脅包括棲地喪失、狩獵和被捕捉作為寵物貿易，最後一項頗為諷刺，因為正是在 1954 年為 BBC 紀錄片系列「動物園探奇」（*Zoo Quest*）捕捉這些鳥的遠征中，大衛・艾登堡（David Attenborough）[8] 首次出現在我們的螢幕上。

8　知名主持人、生物學家、自然歷史學家，參與製作多部自然歷史系列紀錄片，影響深遠。

小紅鸛 | Lesser Flamingo

Phoeniconaias minor

　　遠遠看到肯亞納庫魯湖（Lake Nakuru）的第一眼，會發現湖岸暈染著一種奇異的粉紅色調，這顏色是如此的艷麗，潑灑在在周圍草原的大地色調以及湖中央映射的天空藍色之間，看起來就像是某種合成物質：或許是一層棉花糖，或是某種可怕的化學廢水，你心裡想著，這不可能是鳥類吧。

　　望遠鏡揭露了真相——紅鸛。數以千計數不清的玫瑰色水鳥擠滿了湖岸的輪廓線，牠們在淺水區聚集、在深水區翻滾，還成群結隊地在水面上來回移動。每一隻鳥用長腿大步地走、頭部浸入水中，頸部來回擺動，有條不紊地從水面上過濾食物。在更遠處，展翅的鳥似乎是站在水面下的輸送帶一般，一邊以精心編排的康加舞行列移動，一邊有趣地同步上下擺動頭部。

　　起飛時，這些鳥類看起來相當滑稽，牠們的長頸和長腿從矮胖的身體伸出，翅膀明顯是後來才加上去的，然而，鳥兒們在集體飛過水面時展現出優美的群像，將牠們優雅的倒影散落在澄澈的水面上。這令人屏息的壯觀景象是東非最受歡迎的旅遊景點，相當於鳥類版的塞倫蓋提動物大遷徙。

　　血紅色的鳥喙驗證了納庫魯湖大部分的紅鸛屬於小紅鸛，與深水區可以看到小群體的大紅鸛（Greater flamingo）不同之處在於，小紅鸛體型較小、脖子較短且鳥喙紅色更深，本種是世界上體型最小且數量最多的紅鸛。

　　小紅鸛只在鹼性水域覓食，因此牠們被吸引到納庫魯湖，這是大約2,500萬年前在東非大裂谷誕生時形成的一系列湖泊之一，這些湖泊中有許多泉源來自於火山，被稱為「蘇打湖」，今天它們的湖水對小紅鸛來說成為富含水生浮游生物的湯，尤其是小紅鸛所倚賴的藍綠藻（*Spirulina platensis*），可以提供讓羽毛保持粉紅色的類胡蘿蔔素色素。

　　紅鸛在鳥類中非常特殊，因為牠們進食時倒懸頭部並且倒過來揮動迴力鏢狀的鳥喙。牠們收集食物的技巧類似於大鬚鯨，水被吸入鳥喙末端並且經由覆蓋在上下顎的毛髮狀結構過濾，此結構稱為過濾板（lamellae），能將較大的泥土顆粒阻擋在外。在鳥喙內部，鳥的大舌頭從泥漿湯中挑出食物並且排出多餘的水，鳥喙下方有個小囊袋功能就像泵浦，提供驅動整個過程需要的壓力。

小紅鸛的數量在不同的湖泊間隨著條件變化波動，如果牠們不在納庫魯湖，牠們可能是在博戈里亞湖（Lake Bogoria）或馬加迪湖（Lake Magadi）。然而牠們只在更南邊的坦尚尼亞的納特龍湖（Lake Natron）繁殖，在那裡超過 2 百萬對鳥，佔全球族群的一半以上，築起由泥漿和鹼水組成的圓錐形巢丘，巢丘凸出於水面，該水域極具腐蝕性，足以剝去大多數鳥類的腿上的肉。灰色小鳥離巢後組成密集的育嬰區，牠們可能會在鹽原上跋涉 10km 尋找淡水。身在如此灼熱的溫度和滾燙的水中，紅鸛的科名 Phoenicopteridae 顯得非常貼切：這些鳳凰（phoenix）似乎直接從非洲史前的大火爐中升起。

　　在納庫魯湖，非洲魚鵰（*Haliaeetus vocifer*）、斑點鬣狗甚至狒狒等各種掠食者會捕食紅鸛群中的掉隊者，在牠們繁殖的湖泊就不太需要擔心其他動物，然而，來自工業項目的威脅始終存在，例如碳酸鈉工廠；這也解釋了為什麼儘管數量不少，但 IUCN 仍持續將小紅鸛列為近危（NT）物種。

普通鴕鳥 | Common Ostrich

Struthio camelus

鴕鳥無須贅述：雄鳥高度可達 2.8m，重量超過 140kg，這是目前地球上最大的鳥類，牠的身材在波札那的喀拉哈里沙漠平坦的荒蕪地帶更令人印象深刻，尤其是當牠們成群奔跑時，在閃爍的地平線上揚起陣陣煙塵。

2014 年 DNA 研 究 證 明 了 索 馬 利 亞 鴕 鳥（Somali ostrich, *S. molybdophanes*）是在基因上獨立的物種，讓原本只有一種的鴕鳥變成了兩種，索馬利亞鴕鳥是一種只在非洲角發現的藍色脖子的鴕鳥。薩赫爾（Sahel）、東非和南部非洲等其餘地方的所有鴕鳥現在都被歸類為「普通鴕鳥」，兩種鴕鳥都屬於鴕鳥目（Struthioniformes），其他還有奇異鳥（kiwi）、美洲鴕鳥（rhea）、鴯鶓（emu）和鶴鴕（cassowary），牠們與這些不會飛的表親共享適應陸地生活的關鍵演化特徵：包括平坦的胸骨、缺少飛行用來固定飛行肌肉的龍骨突（keel），以及柔軟的羽毛──缺少其他鳥類飛行時，提供所需空氣阻力的堅韌羽管。

鴕鳥不飛，牠跑，巨大強壯的雙腿每步可跨出 4m，這種鳥的速度可達每小時 70km，讓牠成為世界上最快速的兩腳動物。事實上牠能夠跑得比許多鳥類飛行還快，利用翅膀減速和轉彎，每隻腳僅由兩根腳趾平衡，較大的內側腳趾具有一個蹄狀的趾甲。這雙腿還能對獵豹等掠食者使用致命的踢擊；養殖場圈養的鴕鳥曾經以踢擊造成人類死亡。

雄性鴕鳥體型比雌鳥大，並且有黑白色而非灰棕色的羽毛。繁殖期間雄鳥以複雜的求偶舞聚集一小群配偶，用牠的翅膀掃動地面同時發出低沉有力的叫聲宣示領域。雖然以身體的相對比例來說，雌鴕鳥的蛋是最小的，然而雌鳥總共會在牠們的淺坑鳥巢中產下多達 30 顆蛋，每顆蛋都重超過 1kg，容量至少相當於 25 顆雞蛋。孵蛋工作由雄鳥負責晚上，白天則由隱蔽性較佳的雌鳥負責，輪流進行。雛鳥身上有偽裝用的條紋，牠們一大群聚集在一起，由一或兩隻成鳥看護，儘管受到這樣的照顧，還是只有 15% 能夠存活過第一年。

鴕鳥是生活在開闊且通常是半乾旱地區的鳥類，而非生活在水源豐富或多山的地區。喀拉哈里是典型的棲息地，儘管這裡的食物可能看似貧乏，但

鴕鳥以各式各樣的植物和一些昆蟲為食，食性非常多元，並且可以連續幾天不喝水。他們經常吞下小石頭以幫助磨碎砂囊裡的食物，這些小石頭被稱為胃石（gastrolith）。

　　為了避免被發現，鴕鳥會趴下將脖子沿著地面伸展，或許是這個習慣產生了鴕鳥將頭埋進沙裡的迷思，這個想法在羅馬作家老普林尼（Pliny the Elder）的著作中得到支持。事實上，從古埃及的藝術到迪士尼著名的「幻想曲」，鴕鳥怪異的行為幾千年以來持續地啟發人類文化。現代社會中，人們將鴕鳥飼養為家禽，最初是為了羽毛撢子產業，曾在二十世紀早期蓬勃發展，近期則是供應肉類和皮革產業，在看似不太可能的地方興盛發展，例如俄羅斯和阿拉斯加，鴕鳥蛋長久以來也是熱門的裝飾品，經常被雕刻成精美的樣式。

　　對於喀拉哈里的桑人（San people）來說，鴕鳥從來不曾是商業利益，相反地，這個傳統的打獵採集社會長期以來把鴕鳥視為重要的生存資源，他們風乾的肉提供了能夠長期保存的蛋白質，而將牠的蛋清空後，封住並埋進沙子中就是完美的儲水容器。

南非
開普食蜜鳥 | Cape Sugarbird
Promerops cafer

　　開普食蜜鳥是南非一個獨特的鳥種，清囀的歌聲以及流水般長長的尾巴，這個迷人的小鳥在東開普和西開普省百花盛開的山丘中大出風頭，確實，牠貼切地體現了這個非洲最南端角落的地貌，稱牠為國鳥當之無愧——如果這個榮譽還沒有落到藍鶴（blue crane, *Anthropoides paradiseus*）頭上的話。作為彌補，開普食蜜鳥可以沐浴在南非的國花國王海神花（king protea/king sugarbush, *Protea cynaroides*）的榮光照耀下，如果不是牠細心的呵護，國王海神花也無法綻放。

　　食蜜鳥以及海神花都是開普植物王國（Cape Floral Kingdom）的特有種，這裡是 6,200 種特有種植物的家，在世界上六個植物王國中是最小並且以比例來說擁有最多物種的區域。主宰了這個植物王國的石楠荒原（heathland）稱為凡波斯（*fynbos*），由許多科的細葉植物組成，其中包括海神花，所有這些植物的生態都仰賴火[9]。在這裡，鳥和花以共生聯繫的方式共同演化，開普食蜜鳥以海神花的花蜜為食，利用牠細又彎曲的鳥喙戳進針插狀的花冠，並且用毛刷狀的舌頭末端吸取甜蜜的汁液。另一方面，海神花在鳥兒的額頭沾上一層花粉，讓牠在花朵之間運送，從而完成植物的授粉以及物種的延續。

　　開普食蜜鳥是長尾食蜜鳥科（Pomeropidae）中的兩個物種中較大的一種，兩者皆只出現在南非，仔細一看，可以發現這是一種帶有斑紋的灰褐色小鳥，大小像麻雀，喉嚨是黃色的，鳥喙細且彎曲，還有淡色的眉毛。雄鳥流水般的尾巴比雌鳥的長許多，長度可超過牠體長的兩倍，讓牠的總長來到 44cm。

　　開普食蜜鳥的繁殖季節發生在冬季，從 5 月到 8 月，此時雨水落在開普地區，讓海神花和大部分其他的凡波斯植物開花，是觀賞食蜜鳥的最佳時機；為了吸引配偶以及驅逐領地內的競爭對手，雄鳥會在灌木叢間飛來跳去，一邊鳴叫一邊炫耀牠的尾巴，進行高調的表演。成對的鳥一般會在海神

9　海神花等凡波斯植物在成熟後需要火的刺激釋放種子，種子會在隔年春天萌芽。

花灌叢的樹杈上，利用細樹枝、松針以及草根築起一個凌亂的碗狀巢，在巢裡鋪墊海神花的絨毛。雌鳥產下兩顆蛋，雛鳥孵出後雙親都會餵食，食物包括從周圍花冠上收集的小昆蟲及蜘蛛。

　　經常能在開普的旅遊景點看到開普食蜜鳥，例如科斯坦伯須國家植物園（Kirstenbosch National Botanical Garden）。天敵包括開普灰獴（cape grey mongoose, *Galerella pulverulenta*）和橄欖家蛇（*Lycodonomorphus inornatus*）都是蛋與雛鳥的威脅。然而將眼光拉遠，更大的擔憂來自環境變遷，都市開發和外來入侵種的壓力威脅整個凡波斯生態系。開普食蜜鳥身為這個生態群落裡 8 種特有鳥類的一分子，牠的命運與共同演化的獨特植物家園密不可分。

馬達加斯加
盔鉤嘴鵙 | Helmet Vanga
Euryceros prevostii

　　以演化的角度來說，馬達加斯加島是遺世獨立的，8800 萬年前岡瓦納超大陸分裂時，馬達加斯加被困在印度洋內，它的動物和植物因此在幸福的孤立中演化。如今約有 90% 的原生物種屬於島上特有，包括至少 100 種鳥，華麗的盔鵙（ㄐㄩˊ）也在其中。

　　如果查爾斯・達爾文（Charles Darwin）在去加拉巴哥群島之前先到達了馬達加斯加，他可能會從鉤嘴鵙身上找到天擇理論需要的所有證據，而不是加拉巴哥雀（唐納雀科 Thraupidae）。作為馬達加斯加獨有的三個鳥類家族之一，並且與非洲大陸的盔鵙（helmet-shrike）和鶲鵙（shrike-flycatcher）是遠親關係，這些鳥提供了適應輻射[10]的有力證據，適應輻射是一個演化的原則，孤立在島上的初始族群會演化出不同的形態以填補各個生態棲位。在馬達加斯加，鉤嘴鵙取代了啄木鳥、山雀及鳾（nuthatch）等鳥類，每種鳥演化出各自的鳥喙形狀以及覓食技巧，以利用樹幹及樹葉周遭的食物資源。

　　在這些鳥喙中就屬盔鉤嘴鵙的鳥喙最令人震撼，牠令人印象深刻的亮藍色喙長 11 ～ 12cm，是鉤嘴鵙家族中第二大的，具有拱型的上顎還有帶鉤的尖端，讓鳥喙的主人能在森林底層和樹冠下層捕捉大型昆蟲、蜘蛛和小型爬行類。當這種神祕的森林鳥類非常難得現身時，仔細觀察可以看到牠也有講究的羽衣，烏黑發亮的頭部和上半身，背部和尾巴上部呈現鮮豔的栗色，以及引人注目的白色眼睛。

　　盔鉤嘴鵙只分布在馬達加斯加東北部的一小條帶狀的潮濕熱帶雨林，主要海拔在 400 ～ 900m。牠主要在森林中層覓食，撲騰翅膀從樹葉上抓取獵物，有時會加入其他鉤嘴鵙的覓食行列。雖然鳥本身不容易看到，但牠在繁殖季時悠長的歌聲，由高而低然後加速變成顫音，往往會暴露牠們的存在。

　　盔鉤嘴鵙是一夫一妻制的鳥，牠們在南半球的夏天 9 月到 1 月繁殖，將

10　在演化生物學中，適應輻射是生物從共同祖先物種迅速演化出多種新形式的過程，通常發生在環境改變時或地理隔絕的島嶼。

苔蘚做的杯狀巢築在樹杈或鳥巢蕨裡。那壯觀的鳥喙被認為有求偶展示的功能，雖然沒有相關的紀錄，但如果你有這麼厲害的東西，肯定會拿出來炫耀的。雌鳥產下二或三顆蛋，在 15 ～ 20 天後孵化並且在大約 17 天後離巢。

馬達加斯加自從 2,000 年前人類初次抵達後，已經流失了 90% 的原生森林，盔鉤嘴鵙就像島上許多獨特的野生動植物一樣，由於棲地持續地消失而面臨了嚴重的威脅，如今，據估計僅有 6,000 ～ 15,000 隻個體倖存，本種被 IUCN 列為瀕危（EN）。

法 國
普通夜鶯 | Common Nightingale
Luscinia megarhynchos

一個女孩在花園中採迷迭香時，一隻鳴禽落在了她的手上傳遞了一個信息，「*Les hommes ne valent rien*」牠唱著，意思是「人們一無是處」，這個憂傷的故事來自廣為流傳的法國民謠「*Gentil Coquelicot*」，這隻鳥就是夜鶯（*un rossignol*）。

這首傳統小調是夜鶯在西方文化中的典型角色，牠在夜晚的旋律給了很多歐洲的偉大詩人靈感，從荷馬和維吉爾到莎士比亞和濟慈，並且長久以來與失去的愛情有關，並且被譽為浪漫靈感泉源的化身。法國也不例外，法國中世紀詩人瑪麗‧德‧法蘭西（Marie de France）所寫的「Laüstic」是已知最早的法語詩之一，其標題取自布列塔尼語（Breton）中的夜鶯一詞，它暗指羅馬詩人奧維德（Ovid）的「變形記」（*Metamorphoses*）中菲洛美拉（Philomela）的故事，她在被姐夫同時也是色雷斯（Thrace）國王的泰瑞斯（Tereus）強暴之後，變成了一隻鳥並且永遠地唱著哀歌。

的確，夜鶯的歌聲令人印象深刻，一連串的樂句，既甜美又不和諧，在音高和音量上劇烈地起伏，加上牠在多數鳥都在休息時的夜裡歌唱，放大了對我們耳朵的衝擊並且引發浪漫的遐想。但真實的夜鶯並不完全是詩中所描述的樣子：首先，只有雄鳥會唱歌，然而在詩歌裡總是被描繪成雌性，而且事實上牠既不是為了失去的愛情而哀悼，也不是在抒發任何情感——除了競爭領域和交配需求以外。一旦繁殖開始進行，每晚的小夜曲就會逐漸減少，畢竟這是一個相當耗能的策略，到了 6 月中旬，夜鶯就會沉寂下來，只剩下咯咯的叫喚聲。

夜鶯雖然名聲響亮，但許多人可能難以辨認這種鳥本身，這主要歸功於牠隱蔽的習性：夜鶯喜歡躲藏在開闊林地的茂密灌木叢中，牠們在地面附近捕食昆蟲和其他無脊椎動物。牠們很少現身，即使露臉也沒什麼特別的：中小型的棕色鳥，與舊世界鶲科（Muscicapidae）的岩鵬（chat）和鴝（robin）是遠親關係，唯一有辨識度的特徵是帶紅色的尾巴。

此外，夜鶯也是候鳥，牠們在 4 月中旬抵達位於歐洲的繁殖地，並在 9 月起程南飛至非洲，從塞內加爾到肯亞的廣袤的熱帶莽原度冬。人們對於牠

們這段時間的行為所知甚少，主要原因是牠們此時是安靜的。東部繁殖區的鳥跟隨向東的路經遷徙至尼羅河谷，而在法國等地西方區域的鳥則會繞過撒哈拉。

在法國，夜鶯是常見且廣泛分布的夏季訪客，牠們在合適的林地裡佔領地盤，歌聲響徹初夏醉人的日與夜。牠們在灌木叢低處用草和樹枝築巢，一對親鳥哺育四或五隻雛鳥。該物種的數量據估計有 3.2 ～ 7 百萬對，仍被列為無危（LC），然而包括英國等某些地區的數量驟減，讓人們擔憂夜鶯以及許多非洲古北區（Afro-Palearctic）路徑的候鳥，受到遷徙路徑上棲地喪失的威脅，如果這些鳥真的會唱哀歌的話，這可能才是原因。

普通雨燕 | Common Swift

Apus apus

　　在英格蘭的民間傳說裡，雨燕曾被認為是「惡魔鳥」，今天看起來可能有點過度戲劇化了，儘管如此，這些鳥類確實有一些不可否認的超自然特質。牠們每年 5 月彷彿魔法般出現在英國的天空，瀟灑的剪影像鐮刀般追逐著空中的飛蟲，掠過人們頭頂，牠們拖長的尖叫聲就像夜鶯的旋律一樣喚起夏天的氛圍。詩人泰德·休斯（Ted Hughes）所寫的「砲彈碎片四射的恐懼」，描述的就是雨燕在人們頭頂上聚集進食的狂暴能量。

　　雨燕一直都住在人類身邊，一般築巢在古老建築物的裂縫中，大衛和伊莉莎白·拉克（David and Elizabeth Lack's）1956 年的經典著作「塔中的燕子」（*Swifts in a Tower*），研究關於雨燕在牛津大學博物館的塔樓築巢，啟發了世界上歷時最久的鳥類學研究之一；其中一項發現是，雨燕的雛鳥可以減緩他們的新陳代謝以進入蟄伏狀態，因此他們能度過親鳥整夜外出覓食的時間，這種情況在鳥類身上很罕見。

　　現代科技例如衛星定位器，揭露了更進一步的資訊：我們知道雨燕從非洲撒哈拉南部飛來再飛回去，然而近期的數據顯示一隻個體每年可以移動 20 萬 km，以壽命十年來計算，等同於往返月球三次的距離。更驚人的是，由於雨燕會在飛行中睡覺，從非常高的地方慢慢下降，同時進行一系列的恢復精力的打盹，現今可知年輕的雨燕可以持續飛在空中超過 18 個月，直到三或四歲才會降落進行繁殖。

　　這樣的說法似乎令人難以置信，但你只需要看著新月形的雨燕急速穿梭在空中，就能欣賞牠如何將飛行提升至一個其他鳥類無法到達的極致境界，雨燕不只在飛時吃飯和睡覺，他們也在飛行中喝水、洗澡、蒐集巢材甚至交配。事實上，這些鳥無法著陸在巢以外的堅硬表面，他們的學名 *Apus apus* 來自古希臘語的「無足」，雖然他們有小而帶利爪的腳，但功能僅是攀附在垂直表面上。

　　雨燕經常與家燕混淆（見 52 頁），然而兩種鳥並無親緣關係，他們在型態和生活方式的相似之處反映出為了捕捉飛蟲這項共同挑戰而發展的平行演化適應，事實上，雨燕與蜂鳥的關係最接近，他們有共同的祖先。普通雨

燕是全球大約 100 種雨燕之中最廣泛分布的種類,繁殖遍布歐洲和亞洲。所有族群都南遷至撒哈拉以南的非洲度冬,隨著昆蟲供應的枯竭而離開繁殖地;在歐洲他們是短暫的夏季訪客,於 5 月到達,並在 7 月下旬幼鳥羽翼豐滿後離巢。在非洲,牠們跟隨鋒面降雨以及隨之而來的食物漂泊遷徙。

雨燕的配對是終身制,每年一窩有二或三隻雛鳥,牠們縫隙中的巢由風吹來的材料和唾液黏合而成。親鳥為了尋找食物長途跋涉,將食物收集成球狀帶回給幼鳥,每顆球含有數百隻蟲子。幼鳥羽翼豐滿之後起程前往非洲,如果牠們能在第一年存活下來,就有可能再活十年。

人類和雨燕有著複雜的關係,至少在 7,000 年前的蘇美人時代,雨燕就已經在人造結構中築巢,人類砍伐森林、建造樓房一直都使牠們受惠。今天密集的農業活動減少了牠們的食物供給,而且現代建築能提供適合的孔穴變少了;但是從北京紫禁城到牛津大學的塔樓,雨燕仍然佔據了許多最神聖的地方。

歐亞鴝 | European Robin

Erithacus rubecula

　　歐亞鴝肯定是英國最常被描繪的物種，牠們的紅色胸部裝飾了無數張聖誕卡片，而牠們信任人的行為受到世代的居民和園丁的喜愛。「紅胸知更鳥」是這種常見的鳴禽廣為人知的名字；2015 年，牠們以 34% 支持率獲選為英國的非正式國鳥，大獲全勝一點都不讓人意外。

　　歐亞鴝的學名 *rubecula* 源自於 ruber，是拉丁文紅色的意思，然而仔細觀察會發現，牠的標誌性顏色更接近深橙色，因此技術上來說，不論作為學名或俗名都不恰當，這可以解釋為直到 16 世紀中葉，當柳橙首次從西班牙運來，橙色這個詞才進入了英語中，在那之前，「紅胸」早就被大量使用了。

　　現在情況更複雜了一點，知更鳥（robin）這個名字被用在其他不相關的物種上，尤其是旅鶇（美洲知更鳥 American robin, *Turdus migratorius*），實際上是一種鶇，牠是由早期思鄉病的英國移民命名的，用熟悉的名字命名看到的第一隻紅（橙）胸的鳥，這個混淆甚至延伸到了華特‧迪士尼（Walt Disney）的電影歡樂滿人間（*Mary Poppins*），一隻旅鶇出現在愛德華時代倫敦的市中心。

　　實際上，歐亞鴝屬於鶲科（Muscicapidae），即舊世界的鶲鳥（flycatcher），因此與石鵰、鶲及其他食蟲性鳴禽有親戚關係。牠的分布範圍遍及大部分歐洲，往東至俄羅斯及伊朗，往南至北非的地中海沿岸。殖民者為了替新移民創造英格蘭的鄉村氛圍，曾經嘗試將他們引進澳洲及紐西蘭，稱為「適應計畫」，幸好最後以失敗告終，當地生態因此逃過一劫。

　　歐亞鴝自然是一種林地鳥類，利用牠的大眼睛在低光源下捕獵昆蟲及其他無脊椎動物。牠們在花圃裡跳來跳去，並且優美地停在鏟子的手柄上；歐亞鴝只有在英國才以園丁的好朋友聞名，這種行為背後的原因，可能是在英國早期荒野較多的時期，牠們習慣性地在野豬（*Sus scrofa*）周圍覓食，並且瞄準動物翻土時暴露出來的昆蟲。無論如何，這種鳥在人類附近時格外的溫馴，這也擴及到了牠的築巢習慣——歐亞鴝經常將牠們整齊、以苔蘚鋪墊的巢築在棚子或外圍建築內，其他更詭異的地點紀錄包括舊茶壺、灑水壺、遮陽帽甚至是掛著的外套口袋。

對於人類如此外顯的信任解釋了英國人對於歐亞鴝的喜愛，這樣的偏愛也大多只留給牠們；當然歐亞鴝討人喜歡的外表也是大加分：圓胖的小身體、生氣勃勃的姿態以及鮮豔的配色，還有那細膩婉轉的歌聲，通常是早晨的第一聲，也是傍晚最後的鳥叫聲（在路燈的照明下，知更鳥有時會在入夜後繼續唱歌），並且還是冬天寂靜的森林裡唯一能聽到的鳥鳴，此時大多數物種都會保持安靜等待春天到來。

對於歐亞鴝的喜愛助長了牠們作為聖誕節象徵的神話，基督教的解釋是一隻知更鳥飛到十字架上的基督身邊安撫他，並且沾到了他的鮮血，導致胸口被染紅，順理成章地與他的誕生時刻產生連結。然而，這個傳統在維多利亞時期才真正蔚為風潮，當時穿著紅色制服的郵差被稱為知更鳥，送交了第一批聖誕卡片，其中許多將知更鳥描繪成卡片的傳遞者，聖誕卡片產業從此蓬勃發展。

「一隻籠中的紅胸知更鳥／讓整個天堂都憤怒」十八世紀的幻想詩人威廉·布萊克（William Blake）寫道。說來諷刺，這種鳥帶來安撫人心及陪伴的價值，卻是最具攻擊性的鳴禽之一，那些溫柔的旋律代表的是激烈的領域競爭，持續一整年而且經常以暴力收場，估計成年歐亞鴝的死亡中有 10%是由打架所導致，事實上，幼鳥必須要等待六個月才能獲得牠們的紅色胸部，這是為了避免在還沒學會如何保護自己之前激起成年雄鳥的攻擊。

奥地利
家燕 | Barn Swallow
Hirundo rustica

　　每年夏天，奧地利的提洛爾邦（Tyrol）響徹牛鈴聲，因農民將牠們的牛隻從谷地趕到高山的牧場；這項傳統的季節性移動也有助於塑造出阿爾卑斯山的地景，讓原本是森林的地方變成了牧場，過程中更提供了奧地利國鳥的理想棲地——家燕在牛群附近穿梭，這裡開闊的空間讓牠們便於尋找、捕捉被牛糞吸引的大批飛蟲。

　　家燕長久以來是人類活動的受益者，開闊牧場擴張了牠在北半球的棲地，而農場建築提供了理想的巢位。家燕是來自撒哈拉以南非洲的候鳥，每年春天帶著吸睛的羽毛和友善的嘰喳聲抵達歐洲，使其成為了夏天的象徵，因此在奧地利及其他地方獲得標誌性的地位。

　　對科學家來說，這個物種也被證明是我們了解鳥類遷徙的關鍵，從亞里斯多德（Aristotle）到十八世紀的吉爾伯特·懷特（Gilbert White）等早期科學家，曾經以一些牽強附會的理論解釋候鳥在每年秋天消失的原因，例如牠們在池塘底部冬眠。一直到 1912 年，一隻前一年在英格蘭繫放 [11] 的家燕在南非的夸祖魯·納塔爾省（KwaZulu-Natal）被回收，真相才從此確立。

　　家燕從 9 月開始牠們南返的旅程，牠們會聚集成大群，經常停棲在電線上，充滿活力地吃東西以儲存脂肪，一旦天氣狀況合適時，牠們就會啟程，有些族群繞過撒哈拉的西邊飛行，有些則從東邊往下至尼羅河谷，有許多一直飛到南非。沿途中小群體匯集在傳統的棲地，數量經常達到好幾千隻。春天北返較為直接，鳥兒們迫切地想回到繁殖地，在奧地利大多數的家燕會在 4 月初回到牠們的巢。

　　家燕是全世界 83 種燕子中分布最廣並且在北半球繁殖的一種，跟其他燕子一樣，牠適應了在飛行中捕捉小昆蟲，有著符合空氣動力學的身形、寬大的嘴巴以及只能用來停棲，基本款的腳。牠棲息在任何有大量昆蟲的開闊地區，養牛牧場則是完美的棲地：不只是因為牛隻會留下大量吸引昆蟲的糞便，牠們還會翻攪泥土，方便鳥兒利用泥土築巢；而且牛隻不會把草啃得太

11　繫放：捕捉鳥類繫上腳環再野放的工作。

52

短，讓昆蟲得以孳生。

　　一對家燕可能會在一起好幾年，通常每個夏天產下兩窩蛋，這種鳥至少從古埃及時期就開始在人造結構上建造特殊的泥巴與稻草組成的巢，因此牠們佔據了原本不是牠們的棲地，例如阿爾卑斯地區的木屋。

　　在今日，家燕的全球族群大約有 5 億左右，是世界上數量最多的鳥類之一。然而到了 10 月，當奧地利的酪農在一年一度的慶典「牛遊行」（*Almabtrieb*）中將他們的牛趕下山谷時，家燕們已經振翅南飛，全部前往另一個大陸了。

德 國

大杜鵑 | Common Cuckoo

Cuculus canorus

　　「咕咕、咕咕、咕咕」，大杜鵑兩個音階的鳴聲是在歐洲最難認錯的聲音，傳統上預示著歐洲大陸夏天的到來，同時也為這種鳥和全世界都有分布的杜鵑科（Cuculidae）贏得了擬聲的名字，不只是英語和拉丁文，包括法語（*coucou*）、西班牙語（*cuco*）、義大利語（*cuculo*）、荷蘭語（*koekoek*）和德語（*Kuckuck*）都是。

　　然而是德國最先讓大杜鵑以機械的方式千古留名，西南邊的黑森林從至少十八世紀中就已經開始製作咕咕鐘，裡面有一隻機械杜鵑在整點出來報時，事實上，關於咕咕鐘最早已知的描述來自 1629 年，是薩克森選侯（Elector of Saxony）奧古斯特．馮．薩克森（August von Sachsen）擁有的一個時鐘。瑞士對於這個文化象徵直到 1920 年代才有貢獻，他們加入了小木屋風格的設計。

　　德國以及歐洲其他地方，最早在 4 月下旬當杜鵑從非洲度冬地回來時，會開始聽到牠們刺耳的叫聲，這個象徵季節變換的試金石長久以來被歐洲大陸的各個文化拿來慶祝，從十三世紀的古英語詩「夏天來了」（Sumer Is Icumen In）裡充滿歡樂的句子「咕咕，咕咕，再大聲一點，咕咕！」（*Cuccu, cuccu, wel singes þu cuccu*），到貝多芬田園（六號）交響曲裡的音樂迴響。

　　其他文化的關聯就比較沒那麼好看了，杜鵑是巢寄生的鳥；換句話說，牠們的繁殖週期是利用在別的鳥類巢裡產卵，並且讓宿主幫忙哺育幼鳥，正是這種行為讓杜鵑被賦予了不忠貞的惡名，衍伸出「戴綠帽」（cuckold）這個詞，儘管牠在繁殖策略上沒有任何其他選擇。

　　除了繁殖期結束後就會安靜的大音量叫聲，這是一種隱祕的鳥，通常很難觀察到。牠的體型纖瘦，與鴿子差不多大，有一條長尾巴以及有條紋的下半部，牠與北雀鷹（sparrowhawk, *Accipiter nisus*）的相似之處讓早期的學者認為杜鵑會在冬天變身為這種猛禽，儘管亞里斯多德注意到杜鵑較細的鳥喙，所以並未上當。杜鵑棲息在開闊或疏樹林地，作為食蟲鳥類，牠的餐點包括對其他鳥類有毒的多毛毛毛蟲。

直到相對近期，科學才揭示了杜鵑許多的祕密，我們現在知道，在每次繁殖季節，雌性杜鵑會暗中在不同寄主的巢中分別產下最多 20 顆蛋，例如林岩鷚（dunnock, *Prunella modularis*）或蘆葦鷹（reed warbler, *Acrocephalus scirpaceus*）。杜鵑有能力將蛋的顏色與宿主的蛋相匹配，進而以假亂真。杜鵑雛鳥孵化後會將其他蛋或雛鳥驅逐，讓成鳥把牠當自己的小孩扶養，14 天之後，年幼的杜鵑可能是筋疲力盡的養父母的三倍大。

年幼的杜鵑從來不曾見過親生父母，羽毛長好之後就會飛到非洲。衛星追蹤顯示，以非洲古北區遷徙路徑的鳥來說，杜鵑是不尋常的，牠們的飛行路徑很寬，而許多鳥直接穿越撒哈拉沙漠。個體在夜間獨自遷徙，一隻衛星追蹤的鳥從中國北京出發，從印度穿過印度洋到索馬利亞，連續飛行四天沒有停，有人認為某些個體可能一年飛行超過 16,000km。

無論在文化上的重要性如何，杜鵑的數量在歐洲大部分地區都處於下降的狀態，成為遷徙路線上棲地喪失與農業密集化的受害者；或許全球暖化也是原因之一，導致宿主在牠抵達前就開始繁殖，而無法劫持宿主的巢。目前牠持續在每年春天抵達，鳴起響亮的聲音宣告夏天到來，經常年復一年地在同一天出現，就像時鐘運作一樣準確。

白鸛 | White Stork

Ciconia ciconia

在 1822 年的春天，一隻白鸛出現在德國北部的小鎮克呂茨（Klütz），這並不奇怪；畢竟幾個世紀以來，這些大鳥每年都會受到歡迎地回到歐洲各地的城鎮，然而讓小鎮居民感到驚訝的是，這隻個體的脖子上插著一支箭。牠到底去了哪裡呢？

事實證明，這支箭來自非洲，而鳥現在被保存在羅斯托克大學；這個案例提供了活生生的證據——在科學家使用繫放確認鳥類遷徙的數十年以前，當白鸛每年秋天從築巢的德國村莊啟程，牠們的目的地是遠在幾千里遠外的另一片大陸。令人驚訝的是，從那之後還有 25 隻這樣的鸛被記錄下來，德語中稱為「*Pfeilstorche*」，意思是「箭鸛」。

不論是作為神話中前往麥加的朝聖者，或是寓言故事中的送子鳥，這種黑白相間的大鳥，因其喜歡在人類周遭築巢的習性而在不同文化中受到讚揚。幸好科學家後來找到了沒那麼殘忍的方式研究白鸛的遷徙，使得白鸛季節性的來來去去成為最容易觀察和記錄的鳥類之一。事實上，本種是德國羅西滕鳥類觀察站（Rossitten Bird Observatory）於 1906 年進行的有史以來第一個鳥類繫放專案的主題之一；也是近年來成為最早被裝備上衛星發射器，以進行更精確監測的其中一種鳥類。

白鸛的巢很難被忽略。這些鳥總是在高聳的人造結構上建造它們的大型樹枝平台巢，從教堂塔樓到電線桿都有。牠們在繁殖季節時非常嘈雜，嘴巴發出喀拉作響的聲音，如同嗒嗒的機關槍在頭頂上開火一樣。一夫一妻制的親鳥每季最多可以生下四隻雛鳥，如果這些幼鳥能夠躲開弓箭或更現代的危險，比如電線，牠們可能活到 30 多歲。

白鸛在整個歐洲都有繁殖，主要集中在伊比利半島、北非、中東歐以及俄羅斯西部。從赤道到開普角都有分布，絕大多數在撒哈拉以南的非洲度冬。牠們從 8 月開始以大型鬆散的群體出發，利用熱氣流盤旋上升達到 1500m 的高度，然後滑翔以節省能量。由於海洋無法提供熱氣流，為了避開長距離橫越海洋，牠們會匯聚在狹窄的海峽上。已經演變出兩條主要的南下路線：一條向西，經由直布羅陀，然後繞過撒哈拉西部邊緣；另一條向

東，經由博斯普魯斯海峽，然後沿著尼羅河谷向下。

在歐洲和非洲，白鸛經常出沒於開闊地帶，如沼澤、農地和大草原，牠們在這些地方捕食昆蟲、青蛙和其他小型獵物。從歷史角度來看，人類的活動使這種鳥從中受益，中世紀歐洲的森林開墾擴大了牠們對這類棲地的使用。更近代一點，沿著白鸛遷徙路線上，工業發展、現代農業和無節制的狩獵（使用霰彈槍而非弓箭），這些都為白鸛的數量減少推了一把。然而，重新引入計畫已將這種鳥類帶回在荷蘭、比利時、瑞士、瑞典和英國等國家曾經的繁殖地，如今每年有超過 4,000 對白鸛仍然返回德國。

普通渡鴉 | Common Raven

Corvus corax

夏末的芬蘭東部卡累利阿（Karelia）的一片森林清除地，一隻渡鴉粗啞的嘎聲劃破了寂靜的黎明。一開始是一隻，接著又有兩隻這種巨大的黑鳥振翅飛來，停落在一株低矮的樺樹上，在微光中留下瘦削的剪影。在牠們下方，一隻大棕熊正在撕咬一具駝鹿的屍體，渡鴉們前來分一杯羹，「嘎！嘎！」，隨著牠們持續呼喚，更多的同伴陸續抵達。

烏鴉在世界各地的許多文化中扮演著重要的角色，但在這些北方森林中尤其如此。這個名字（raven）源自古諾斯語（Old Norse）的「*hrafn*」，維京酋長們在渡鴉旗幟下出征，據說他們的神奧丁總是由他的渡鴉密使 Huginn 和 Muninn 陪伴左右。在芬蘭，傳說中渡鴉擁有超自然的力量：薩滿將渡鴉當作寵物，而傳說中的「渡鴉石」，一顆魔法蛋，據傳讓他們能夠知曉祖先的祕密。

從莎士比亞到恐怖電影，到處都反映出渡鴉不祥的形象，這無疑源自於牠們對腐肉的喜好──曾包括戰場上的屍體。但烏鴉也被讚譽為具有智慧和預示的天賦，被人尊崇為靈性和物質世界之間的使者。例如，對加拿大西北部的海達人（Haida）來說，渡鴉被認為生活在靈魂之地，藉由在海中投下一粒卵石而創造了地球。在英國，建於十一世紀的倫敦塔，據說如果它的渡鴉吉祥物離開，這座塔將會崩塌，這解釋了為什麼戰時首相溫斯頓·邱吉爾（Winston Churchill）進口了六隻人工飼養的渡鴉，來替換在大空襲期間失去的渡鴉。

拋開迷信，普通渡鴉仍然是一種令人印象深刻的鳥類，全身烏黑，擁有一個令人望之生畏的鳥喙，這種與鵟（buzzard）差不多大的烏鴉是世界上約 6,000 多種雀鳥（passerine）或稱「停棲鳥」（perching bird）中最大的一種。牠滑翔式的飛行可以在北半球各地看到，從北方的森林到岩石沙漠和北極苔原。牠的飲食習慣非常廣泛，包括從穀物和昆蟲到嚙齒動物和腐肉的一切。渡鴉成對結伴終生，佔據大範圍的繁殖地，通過空中的求愛舞蹈加強彼此之間的聯繫。

渡鴉在智慧方面的名聲當之無愧。作為鳥類界中擁有最大腦容量的物種之一，本種展示了與黑猩猩（*Pan troglodytes*）相當的心智能力。其中包括因果推理和使用工具的能力：例如渡鴉可以拉起釣魚孔中的線來偷取漁獲。牠們還擁有強大的記憶力、能發出至少 30 種聲音的詞彙、足夠的自我意識以同理和操控同伴，以及明顯的情感表達並且享受遊戲。年輕的渡鴉會在一場「來抓我啊」的遊戲中悄悄接近一隻大型的掠食者，當牠轉身追逐牠們時就飛走，然後再回來重複這個過程。

　　如此的智慧與足智多謀使渡鴉能夠在其他鳥類難以生存的偏遠地區謀生。在加拿大和芬蘭等北方的森林中，這種鳥甚至可能與狼（*Canis lupus*）片利共生，利用呼叫聲通知狼群有一具屍體，因此較大的掠食者能夠打開屍體讓所有成員分享。

歐絨鴨 | Common Eider

Somateria mollissima

　　大多數人，或是至少超過一定年齡的人，都知道什麼是鴨絨（eiderdown）。然而，用來取得該產品的鳥類可能較少人熟悉。歐絨鴨是歐洲最大的鴨子，是一種在北大西洋周圍的岩石海岸築巢的海洋性鳥類。牠與人類的長久以來的關連與其羽毛的神奇特性有關。

　　事實上，鴨絨是雌性歐絨鴨從自己的胸部拔取的柔軟底層羽毛，用來鋪墊鳥巢。它是一種卓越的隔熱材料，能夠在北極暴風雪中保護蛋和雛鳥的生命，當外界溫度降至 -35℃時，它可以鎖住一層溫暖的空氣。鴨絨曾經被廣泛用於填充枕頭和被子，現在大部分被更便宜且效果較差的合成替代品所取代，真正的歐絨鴨絨如今是一種極其昂貴的奢侈品。

　　冰島是少數仍在採集歐絨鴨絨的地方之一，尤其是在偏遠的西峽灣區（Westfjords），人們自九世紀首次在這個遙遠的副北極島上定居以來，便一直與這種鴨子共存；歐絨鴨絨被維京人拿來當支付款項，也用來支付中世紀的稅款。如今，冰島約有 350 個歐絨鴨農場，它們每年總共生產約 3,000kg 的歐絨鴨絨，其中大部分出口到日本和中東等遙遠地方，銷售給當地富裕的菁英階層。

　　這個小型產業是可以完全永續收穫野生自然資源的罕見例子，這些野生鳥類依舊過著野地生活，並沒有因為人們收集牠們珍貴的羽毛而受到傷害。牠們在海上度過冬季，每年春天回到自己的繁殖地，牠們通常會築巢在建築物和人造物之間，離海岸只有短暫步行距離的地面上。一隻築巢的雌鳥會從自己的胸部拔取絨毛來鋪墊鳥巢，同時形成一塊裸露的皮膚，利用這個區域將體溫傳遞到窩裡的五或六顆蛋。只有在 28 天的孵化期結束，雌鳥帶領孵化的雛鳥到達海上後，農民才會開始收集絨毛，鳥巢則完好無缺。

　　歐絨鴨農場在偏遠的海岸社群中代代相傳，當這些鳥在初春抵達近海配對時，雄鳥身披黑白華麗的羽毛，發出一種慷慨激昂的「啊～嗚！」求偶鳴聲，農民努力使用飄動的旗幟、風車和其他誘餌，有些人甚至會播放音樂，以吸引牠們到自己的巢位。一旦鴨子們開始築巢，全天候的守衛會不停地巡邏，保護這個群落免受海鷗和北極狐等掠食者的侵擾。而對羽絨的加工則更

需要嚴謹的品質管控，首先將其加熱至 120℃，然後透過一系列特殊的傳統清潔機器處理，不使用化學藥劑。成品是一種具有卓越保暖性、柔軟性和輕盈性的產品；生產 1kg 羽絨需要用掉 60～80 個巢的鴨絨。

　　歐絨鴨不僅僅在冰島受到尊崇，本品種也是世界上第一座鳥類保護區的受益者，也就是西元 676 年，由聖卡斯伯特（St Cuthbert）在英格蘭東北部海外的法恩群島宣布成立的鳥類保護區。然而，這種鳥並不是到哪裡都受歡迎，牠對淡菜的胃口導致牠與淡菜養殖者發生衝突——牠會整個吞下在砂囊中擠碎，然後將貝殼碎片吐出。某些地區的養殖者已經提出申請要合法地對這種鳥進行控制，聖卡斯伯特不會同意的。

北極海鸚 | Atlantic Puffin

Fratercula arctica

　　很少有鳥類比海鸚更受歡迎，牠們穿著講究的燕尾服，有著多彩的鳥喙和討喜的小丑表情，從冰箱磁鐵到兒童書的標誌，牠的形象無處不在。在冰島，這種鳥類的受歡迎程度更是無與倫比，冰島支撐著全球約 60% 的海鸚總數；事實上，以旅遊經濟來説，這種鳥對於冰島的品牌形象就像金字塔對於埃及一樣不可或缺。

　　然而，冰島與這種具遷徙性的海鸚還有另一個層面的關係。像許多偏遠的島嶼一樣，其眾多的海鳥群落在歷史上是居民重要的食物來源，人們會大規模地捕獵海鳥。海鸚的經濟價值很高，儘管規模已經縮小很多，當地至今仍持續著傳統的年度捕獵。

　　捕捉海鸚並不容易。這些鳥的巢位在險峻海崖上的陡峭草坡洞穴中。傳統上，海鸚獵人使用「*háfur*」，這是一個三角形的網，安裝在一根 6m 長的桿子末端，用來捕捉飛回陸地上的海鸚。這些鳥被剝去胸肌，然後冷凍或鹽漬以便銷售或食用。有經驗的捕捉者曾經在一季中捕捉 5,000～6,000 隻，全都是亞成鳥。

　　海鸚僅在夏季時出現在冰島以及其他繁殖地。牠們在 4 月和 5 月抵達，一對對海鸚整理好牠們的巢穴，巢穴來源可以自己挖掘，在某些地方也會從兔子那裡取得。牠們通過搖動頭部的求愛展示來重新確認終生的羈絆，並且在入口旁邊站崗，以驅逐挑戰者。每對海鸚只有一隻幼鳥，由雙親在巢穴中餵養。牠們的捕魚之旅可能需要徹夜前往離岸 80km 外的漁場，回來時嘴裡咬著數十條小魚，通常是沙鰻（sand eel），在海鸚繼續捕食更多魚時，這些小魚會被牠們強壯、有溝槽的舌頭固定住。

　　海鸚的幼鳥被稱為「puffling」，在六週後獨自一鳥，在夜色的掩護下離開巢穴，以避免被海鷗等天敵捕食。牠直接朝向大海前行，直到兩三年後返回繁殖地，並且要到五歲時才會開始繁殖。實際上，所有的海鸚在 9 月至 3 月的非繁殖期間都在大海中度過，並分散在北大西洋各地，牠們乘著冬季暴風，最南邊到達加那利群島。牠們很適應這種嚴苛的環境，利用有蹼的腳和槳狀的翅膀，以像企鵝一樣的靈活性在深水中捕魚。

如今，北極海鸚正面臨數量減少。雖然在冰島仍有約 3、4 百萬對繁殖，但全球數量正在下降，2015 年，IUCN 將其保育狀態提升為易危（VU）（Vulnerable），這自然引起了對冰島海鸚獵捕的關注。如今，這種做法受到密切的管控，有嚴格的限制和證照，而且僅有三天的捕獵期以及特定的區域允許捕獵；該區域主要在北部，那裡最大的群落中，捕獵活動依然很興盛。捕獵海鸚主要是基於傳統而非必要，因為如今海鸚旅遊的經濟價值遠遠超過海鸚肉的價值。

　　事實上，海鸚現在面臨比「*háfur*」更嚴峻的威脅，因為減少的魚類資源和變暖的海域都對這種鳥類的食物供應產生了嚴重的影響，從而影響他們的繁殖成功率。冰島南部的赫馬島（Heimaey）的居民正在為此盡一分力。每年 8 月，港口燈光導致年輕的海鸚迷失方向，當他們離開巢穴前往海洋時，無數的的海鸚會墜落在地。學童組成一支午夜小隊出發拯救他們──「海鸚巡邏隊」，他們使用手電筒找到這些年輕海鸚，然後在第二天早上儀式性地將他們釋放到海中；這個受歡迎的儀式既慶祝了這種鳥類對該島的重要性，也讓科學家能夠收集到對其保育至關重要的數據。

希 臘
縱紋腹小鴞 | Little Owl
Athene noctua

　　2002 年 2 月 28 日，希臘貨幣德拉克馬終於喪失了法定地位，希臘就此加入了歐元區，歐元引入的過渡期已經正式結束。然而有一個重要的象徵在這次變革中倖存，縱紋腹小鴞長期以來印製在一元德拉克馬硬幣的背面，簡單地跳到希臘一歐元硬幣背面，那個屬於牠的驕傲的位置。

　　這是一個古老的傳統，現在保存在法國里昂美術博物館的一枚四德拉克馬銀幣，顯示古希臘人早在西元前 479 年的溫泉關戰役後就在他們的硬幣上描繪了縱紋腹小鴞。事實上，在日常使用中，這些雅典德拉克馬被稱為「γλαῦκες」，古希臘語中意為「貓頭鷹」。這種小型的夜行猛禽在希臘神話中被認為是為雅典娜女神的神聖同伴，她是智慧女神也是雅典的守護神。古希臘的藝術和圖像充滿了縱紋腹小鴞。

　　縱紋腹小鴞的學名致敬了這個古老的聯繫：*Athene noctua* 的意思是「夜之雅典娜」。歷史並未記錄這種鳥是如何獲得其神聖地位的。然而很明顯地，牠獨特的身影至今仍然一如古代出現在農舍周圍，這種富有魅力的貓頭鷹一直與人類比鄰而居。大頭和銳利的凝視與所有貓頭鷹一樣，暗示著智慧和洞察力，而牠在夜間的運動能力則代表著超自然的能力，這些特點似乎使牠成為女神合適的同伴。此外，這種鳥對蟑螂及其他害蟲的食性使牠們長期以來在人類住所周圍倍受歡迎。

　　縱紋腹小鴞是小鴞屬（*Athene*）在歐洲唯一的成員，牠大約和鶇一樣大，有著醒目的白色眉毛，儘管在岩石半沙漠中也能如魚得水，牠通常停棲在牆上或建築物上，簡而言之，任何能找適合的洞穴築巢的地方都可以。牠主要在黃昏時分捕獵，像許多小型貓頭鷹一樣以小博大，帶走從甲蟲到幼兔的各種獵物。

　　雄鳥在春天會發出一種持續上揚，像貓叫聲的求偶聲；成對的鳥廝守終身，每年哺育最多五隻幼鳥，並習慣性地停棲在一起。儘管這種鳥在當地相當普遍，來自殺蟲劑的威脅卻會使牠的昆蟲獵物減少。與所有的捕食者一樣，牠在生態上的價值是無法用金錢計算的，無論是用德拉克馬還是歐元。

瑞士

黃嘴山鴉 | Alpine Chough

Pyrrhocorax graculus

　　想像一下在瑞士阿爾卑斯山高處的滑雪度假村，一個繁忙的午餐時間，當滑雪者脫下手套和護目鏡要吃三明治時，一陣啁啾聲宣告著一群鳥的到來，在巧克力盒背景的映襯下呈現出烏黑的身影，牠們穿梭在用餐者周圍，忙著覓食麵包屑，然後再次飛起，停在咖啡館的屋頂上。

　　這些鳥是高山山鴉，也被稱為黃嘴山鴉（yellow-billed chough），得名於牠們身上色彩最豔麗的特徵。這些寒鴉大小、善於交際的鳥屬於鴉科（Corvidae），是全球分布海拔最高的鳥類之一，生活在阿爾卑斯山到喜馬拉雅山的山峰之間，有紀錄顯示牠們在海拔 5500m 的地方築巢，這比其他任何鳥類都要高，攀登者曾在令人震驚的 8200m 目擊過黃嘴山鴉個體。

　　在如此極端的環境中生存需要非比尋常的適應能力，黃嘴山鴉的胚胎擁有特殊的血紅素，能夠提高親氧力以增進氧氣的儲存，而牠們的雛鳥與大多數其他鳴禽赤裸裸的雛鳥不同，全身長滿了柔軟的絨毛以隔絕寒冷。這些鳥還非常擅長利用山區的氣流，使用寬大而有深指叉的翅膀，以極大的浮力和靈活性飛翔。

　　在夏天繁殖季期間，黃嘴山鴉仍然停留在高山上，在高山草地中覓食昆蟲。到了冬天，牠們在白天下降到山谷裡尋找莓果和其他水果，只有在夜間才會返回峭壁上休息，一天往返的垂直距離可達 1600m。然而，這種季節性的模式在一些地區已經不適用了，包括瑞士阿爾卑斯山，受到如雨後春筍般蓬勃發展的滑雪勝地影響。身為多才多藝的鴉科鳥類，黃嘴山鴉迅速學會利用人類現成的剩飯和餵食，在度假勝地最繁忙的晚冬季節仍留在山坡上。在這個過程中，牠們通常變得非常溫馴。

　　黃嘴山鴉的配偶是終身制，牠們在岩縫中製作龐大的樹枝巢。成鳥會組成小而喧囂的群體覓食，通常起飛盤旋於懸崖和峽谷上空。本種在其宜居的地形中仍然相當普遍，但就像許多自然史與雪線緊密相關的鳥類一樣，隨著氣候變化侵蝕其高山棲息地，牠也漸漸失去生存空間。

西班牙

胡兀鷲 | Bearded Vulture

Gypaetus barbatus

「嘣！」一聲巨響從西班牙庇里牛斯山高處的一條峽谷中響起。你抬頭看到一根大骨頭在下方的大石塊上發出碰撞聲，並且在滾下時摔成碎片。幾秒鐘後，一個陰影掃過懸崖的表面，一隻巨大的鳥滑翔而下，停在碎片旁邊。現在你明白了，正是這隻鳥扔下了那根骨頭，故意將其打破，現在牠要來取回戰利品。

Quebrantahuesos 字面上的意思是「骨頭破壞者」，是使用英語的鳥類學家所知道的西班牙語名稱，更平鋪直敘一點的說法則是「鬍子禿鷹」。這種巨大的猛禽在脊椎動物中獨一無二，因為牠是唯一一種幾乎完全以骨頭為食的物種，這些骨頭則來自於牠在山區的巢穴中找到的動物屍體。為了將這些骨頭分解成更容易處理的小塊，牠演化出了一種巧妙的技巧，將骨頭提至空中然後扔向下方的岩石，使其碎成碎塊。一隻幼鳥可能需要七年的時間才能掌握這項技巧。

你可能覺得骨頭是一種相當不好吃，甚至可以說是難以下嚥的餐點；但對於胡兀鷲來說，其攝取的營養 90% 來自於骨頭，而骨髓的營養非常豐富，富含脂肪，且在動物屍體腐爛後的幾個月內仍然保持這種狀態。這種鳥能整個吞下驚人的大塊骨頭，牠可怕的胃酸在不到 24 小時內就能將其分解。

胡兀鷲生活在高海拔地區，通常在海拔 2,000m 以上，橫跨歐亞和非洲的山脈——從庇里牛斯山到喜馬拉雅山，以及從衣索比亞高原到南非的龍山山脈。在這個分布範圍內，牠們奇特的生活方式長期以來一直造成神話和迷信的產生。這些鳥曾經在歐洲大部分地區受到嚴重的迫害，被錯誤地怪罪為抓走家畜甚至是兒童的罪魁禍首（這種鳥的另一個名字 lammergeier 是德語裡「羊殺手」的意思）。相比之下，在伊朗，這種鳥一直是好運的先兆，按照傳統，殺死一隻胡兀鷲的人注定會在 40 天內死去。

古希臘賦予這種鳥預言的力量，其中一個最奇特的故事是這樣的：據說劇作家埃斯庫羅斯（Aeschylus）在一隻鷹將一隻陸龜砸在他的頭上後不幸身亡。鑑於胡兀鷲有時會對陸龜的殼使用其粉碎骨頭的技巧，歷史學家推測這個物種也許才是真正的兇手。

不論神話和民間傳說如何，你不可能認錯胡兀鷲。牠的長而窄的翅膀最寬可達 2.8m，與其他禿鷹不同之處在於其頭部和頸部完全長滿了羽毛，包括鳥喙下方的一叢「鬍子」羽毛，這是牠英文名字的由來。成對的胡兀鷲在偏僻而崎嶇的地形中占據著遼闊的地域，建造巨大的樹枝巢，養育一或兩隻雛鳥，有時這些雛鳥在兩年內仍然依賴親鳥。

　　在全球，這種非比尋常的猛禽數量都在下降中，並且在 2014 年被 IUCN 升級為近危（NT）級別。在歐洲，一個野心勃勃的重新引入計畫正在努力恢復阿爾卑斯山地區失去的族群。目前，西班牙仍然是在歐洲地區觀賞這些骨頭粉碎者的最佳地點，這裡擁有約 100 對的繁殖鳥，數量似乎有逐漸增加跡象。

義大利

戴勝 | Hoopoe

Upupa epops

　　一個溫暖的春日，在托斯卡納的橄欖樹叢中，蟬的嗡嗡聲中不時傳來一個柔和但堅持不懈的三音調旋律：「呼噗噗～呼噗噗～呼噗噗⋯⋯」不需要是鳥類學家就能識別出唱歌的是誰，畢竟很少有鳥類的名字比戴勝更具有令人滿意的擬聲效果[12]。在義大利，這種色彩繽紛的候鳥長期以來被譽為春天的徵兆，牠被稱為 *upupa*，基本上是同樣的概念，但多了點地中海風情。

　　一旦在高高的棲枝上看到這種跟鶇差不多大的歌者，就不可能會認錯，長而下彎的鳥喙以及摺疊的冠羽，賦予其頭部像鎬子一樣的獨特輪廓；此外，當牠以一種軟綿綿的、類似蛾的飛行方式起飛時，會綻放出繽紛的色彩，翅膀和尾巴上鮮豔的黑白條紋襯托出溫暖的肉桂色身體，而冠羽則在降落時開展出壯觀的扇形──牠們是真正的大表演家。

　　橄欖樹叢是戴勝的理想家園，既提供了開闊的地面讓牠能夠搜尋蠕蟲、甲蟲和其他美味的小吃；也為牠提供了在粗糙的樹幹、倒塌的石牆上築巢的大量洞穴。事實上，從農田到草原，這種鳥有很大的棲息地耐受度，而且不論牠在哪裡繁殖，到了秋天就會看到牠向南飛往撒哈拉南緣的過冬區。

　　戴勝的繁殖行為可能就沒有外表那麼討人喜愛了。雌鳥會在巢穴深處產下最多十顆蛋，並由雄鳥從一個狹窄的入口餵食。為了嚇阻掠食者，雙親都會將尾巴基部的尾脂腺分泌出的惡臭物質搽抹在羽毛上以及巢周圍，製造出一種腐肉的臭味。此外，雛鳥會發出像蛇一樣的嘶嘶聲，並且可以將牠們的糞便從狹窄的巢穴孔強有力且準確地噴射到侵入者臉上，最好保持距離。

　　難以忘懷的叫聲、華麗的羽毛和奇異的行為互相結合，確保了戴勝自古以來在地中海文化中的顯著地位。這種鳥在約西元前 2000 年的埃及象形文字中出現，並出現在米諾斯文明和古波斯的神話中。在阿里斯托芬（Aristophanes）的戲劇中，牠是鳥之王，在妥拉（Torah）中，牠引領所羅門王與示巴女王相遇。事實上在 2008 年，以色列通過投票將戴勝定為國鳥。

12　英文名 hoopoe（發音呼噗）是模擬叫聲，中文名戴勝則無擬聲作用。

挪 威
北極燕鷗 | Arctic Tern
Sterna paradisaea

在初夏造訪偏遠的北極聚落隆雅市（Longyearbyen）的遊客可能會疑惑，為什麼當地居民要一邊走路，一邊揮舞著棍子。在港口周圍漫步，很快就能找到答案——北極燕鷗的淺巢（被稱為刮痕）塞滿了任何可用的地面，冒險離牠們的繁殖地太近的話，這些鳥會發出刺耳的尖叫聲，在你的頭上俯衝撲騰，血紅色的鳥喙隨時準備攻擊。

這種激進的威脅行為意在嚇阻賊鷗和北極狐等威脅到巢的掠食者，甚至足以阻止北極熊前進，因此遊客毫無勝算。然而，當地人已經學會，在空中揮舞棍子可以分散這些憤怒海鳥的注意力，讓持棍者有足夠的時間溜出並遠離危險區。

隆雅市是挪威斯瓦巴群島的首府，也是世界上最北的城鎮，距離北極僅有 1,000km。在 6 月中旬繁殖季節的高峰期，這裡的燕鷗可以享受 24 小時的陽光。然而令人驚訝的是，牠們幾個月前在地球相反的另一端也經歷了完全相同的情況。這是因為北極燕鷗在北極圈附近繁殖，分布範圍沿著北美、歐洲和亞洲的北海岸延伸，牠們每年都會遷徙到南極圈附近度過北半球的冬季，從而享受南半球的夏季。這種鳥從不經歷冬季——事實上，牠可能比地球上任何其他動物看過更多陽光。

這種環遊世界的生活方式所產生的統計數據令人嘆為觀止。2013 年一群在荷蘭裝上衛星追蹤器的北極燕鷗，被發現在一年內平均飛行了 9 萬 km 的距離，大約是地球周長的兩倍；事實上，一隻北極燕鷗一生中可能飛行相當於往返月球四次的距離。牠所選擇的路線並非直線，許多鳥經過大西洋向南飛行後，可能會往東偏數千公里，甚至到澳洲，然後再往南飛向南極東北部。與許多海鳥一樣，牠們不會單純按照最短路徑飛行，必須根據風和食物等變數進行調整。這有助於解釋為什麼 1982 年一隻在英格蘭東北部法恩群島上繫放的鳥，三個月後在澳洲墨爾本被找回。

在繁殖地近距離觀察北極燕鷗的時候，牠顯得過於瘦小；你可能會覺得牠太脆弱，無法完成如此艱鉅的旅程，然而這種鳥類就是為了旅行而生：修長的翅膀能提供強勁的飛行力，讓牠能夠在空中飛行數天、長時間滑翔，甚

至能打個瞌睡。而其優越的捕魚技能，能俯衝潛水，到水面下抓取小魚和海洋無脊椎動物——意味著在旅途中永遠不會缺乏食物。回到牠們北方的繁殖地，雙方透過在一場繁複的求偶展示中贈送魚來維繫牠們的感情，每隻雌鳥產下兩顆蛋，雛鳥在孵化後 21 至 24 天離巢，然後必須與父母一起展開史詩般的南下旅程。

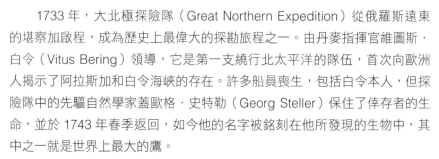

俄羅斯

虎頭海鵰 | Steller's Sea-eagle

Haliaeetus pelagicus

　　1733 年，大北極探險隊（Great Northern Expedition）從俄羅斯遠東的堪察加啟程，成為歷史上最偉大的探勘旅程之一。由丹麥指揮官維圖斯·白令（Vitus Bering）領導，它是第一支繞行北太平洋的隊伍，首次向歐洲人揭示了阿拉斯加和白令海峽的存在。許多船員喪生，包括白令本人，但探險隊中的先驅自然學家蓋歐格·史特勒（Georg Steller）保住了倖存者的生命，並於 1743 年春季返回，如今他的名字被銘刻在他所發現的生物中，其中之一就是世界上最大的鷹。

　　很少有看起來比虎頭海鵰更令人印象深刻的鳥類，體色是出眾的雪白和巧克力色、並擁有銳利的目光和黃色的斧形鳥喙。這種巨大的猛禽統治著俄羅斯遠東的野生海岸森林，雖然與美國的白頭海鵰和歐亞的白尾海鵰親緣關係緊密，但牠的體型超過了兩者。事實上，雌鳥的體重平均為 7.6kg，偶爾達到 9kg，甚至超過了南美洲強大的角鵰（見 144 頁）；虎頭海鵰在飛行中時會露出其標誌性的鑽石形尾巴，而牠的翼展可能超過 2.3m。

　　虎頭海鵰的繁殖範圍從堪察加半島延伸到附近的俄羅斯海岸，並向內陸沿著黑龍江下游延伸。在冬季，許多虎頭海鵰向南遷徙，隨著海冰漂流至俄羅斯南部的千島群島，甚至遠至日本的北海道，牠們與白尾海鵰一起聚集在根室海峽，數量在 2 月底達到高峰，形成大概是世界上最壯觀的大型猛禽集合。

　　與其他海鵰屬（*Haliaeetus*）的海鵰一樣，這種巨大的鳥主要以魚類為食，從高處或水域上空盤旋搜索，然後俯衝用魚鉤般的腳爪嵌進獵物。牠喜愛鮭魚和鱒魚，但這種全方位的掠食者也捕食水鳥，並已知會獵食野兔、北極狐等哺乳動物。與所有海鵰一樣，牠也不介意食腐，在日本過冬的鳥類中，有許多是以鹿的屍體為食，牠還會從其他海鵰及同類那裡偷取食物。

　　繁殖季節始於 2 月底，配對的鳥會進行高空翱翔的表演。牠們在河邊的大樹上或岩石海岸的突出處建造巨大的樹枝巢，雌鳥產下平均而言是所有老鷹中體積最大的一到三顆蛋，通常只有一隻雛鳥能夠存活到成年，牠需要依賴父母好幾個月，並需要五年的時間才能完全換上成年的羽毛。

成年的虎頭海鵰幾乎沒有天敵。然而，人為威脅包括棲地喪失、工業汙染、過度捕撈和迫害則更令人擔憂；由氣候變化引起俄羅斯河流的嚴重洪水，導致大規模的築巢失敗。目前 IUCN 將本種列為易危（VU），全球估計僅有不到 5,000 隻個體。

蒙古

金鵰 | Golden Eagle

Aquila chrysaetos

　　世界上許多地方都宣稱它們擁有金鵰，事實上，這種代表性的猛禽是五個國家的國徽——阿爾巴尼亞、德國、奧地利、墨西哥與哈薩克——因此可以説是世界上最受歡迎的國家代表動物。牠是羅馬軍團行軍穿越歐洲的標誌，與數個世紀後納粹的勳章相呼應，還是丁尼生（Tennyson）著名詩歌「他用彎曲的雙手緊扣峭壁」中的鳥類。

　　然而，關於金雕，蒙古比其他地方更名符其實。在這裡，阿爾泰山脈的一個住著「鷹獵人」的小社區，仍然從事著古老的馴鷹（*berkutchi*）技藝：訓練金鵰從戴手套的手腕起飛，捕捉狐狸及其他獵物。這些獵人是哈薩克後裔，但在共產主義統治期間逃離了自己的家園，以延續他們游牧的生活方式，他們從童年開始學習飼養這些強大的鳥，最終在訓練家與鷹之間建立起非比尋常的親密聯繫。如今仍有大約 250 名鷹獵人，每年 10 月，他們齊聚在一場盛大慶典中，展示他們的鳥兒供人欣賞，在完美的荒野山脈背景下，騎在馬背上參與各種挑戰。

　　馴服一隻金鵰可不是輕而易舉的事。這種強大的獵手可重達 5kg，翼展超過 2m，爪子的握力比羅威納犬的咬合力還要強，俯衝時速可達 250kph。雖然金雕典型的獵物包括較小的動物，如野兔、土撥鼠和松雞，實際上牠能捕殺大如西方狍（roe deer）的動物；而且金雕的捕獵技巧多元，包括從高處發現獵物後，可長時間滑翔攻擊；以及從山坡上低窪處，抓取竄逃到開闊地帶的獵物等。

　　「穿靴子的鷹」的真鵰屬（*Aquila*）中，本種是體型最大的，得名於牠們有羽毛的跗骨（下腿部）。雌鳥比雄鳥大 20 ～ 30%，但不同區域品種的大小有變化；最大的是喜馬拉雅種，而最小的是日本種。成鳥主要呈深褐色，較淺色的後頸在陽光下閃耀著金色，金雕也因此得名。未成熟的鳥翅膀和尾巴上有白色斑塊，到第五年換上成年羽毛時就會消失。當金雕在飛翔時，會將翅膀呈現出獨特的淺「V」形狀，初級飛羽彷彿手指一樣地展開。在滑翔或俯衝時，牠們會將翅膀收回並將手指併攏。

很少有猛禽像金鵰一樣分布極廣，從伊比利半島經由中亞到美洲西部，橫跨北半球。牠需要大片未受干擾的開放地區，加上懸崖或峭壁的作為築巢地。山脈並非必要條件，這種鷹也常出現在半沙漠和草原地帶，但由於繁殖領地可達 200km²，一對鷹需要大量的空間。巨大的樹枝巢每年都會加固，隨著時間成長直徑可達 2.5m。通常，兩隻雛鳥中只有較年長的一隻能夠存活，牠在離巢數個月後仍然與親鳥一起，但在一年內會分開，找尋自己的領土。在度過艱難的前幾年後，存活下來的幼鳥可以活到 30 歲以上。

如今，IUCN 將金鵰列為無危（LC）的物種，估計全球有 6 萬～ 10 萬對繁殖個體。然而，自工業革命以來，牠的數量已急遽下降，並且持續著下降趨勢。儘管金鵰在蒙古地位崇高，並在全球擁有文化影響力，但在許多地區仍然不受歡迎，被指控殺害牲畜。這種指控過度誇大，例如：被發現在羊屍體上進食的鷹通常是在清理已經死亡的動物。然而人類的報復行為仍不間斷，例如對金雕的射擊和毒殺；與此同時，殺蟲劑和棲息地破壞等更加潛在的威脅也加大了對這種宏偉鳥類的生存壓力。

中國

斑頭雁 | Bar-headed Goose

Anser indicus

當高聳的喜馬拉雅山令人望之生畏的山峰在夕陽的陰影中變得更長時，一陣嘎嘎聲宣告著一群鳥類的到來。從山口（mountain pass）[13] 出現並以 V 形排列上升，飛翔在雪地上，這群鳥堅定地揮動翅膀，飛向漸沉的暮色中，穿過世界的屋脊一路向北。

有些候鳥以旅行距離聞名，有些則因其速度而受到讚賞，中亞的斑頭雁則是以飛行高度見長。斑頭雁飛行的海拔高度難以確認，傳聞中高於馬卡魯峰 8,481m 的紀錄未經證實，但在威爾斯班戈大學於 2012 年進行的一項計畫中，91 隻雁被安裝了衛星發射器，其中一隻個體的高度紀錄為 7,290m。對於任何沒有利用氧氣瓶的恆溫動物來説仍然相當驚人。

斑頭雁忍受這種嚴苛的磨難是為了到達繁殖地，牠們在中亞繁殖，分布在中國、哈薩克和蒙古的高原，其中在中國西部的青海湖數量最多。牠們在冬季南移，棲息在印度次大陸的低窪濕地。兩地往返需要每年兩次飛越世界最高的山脈。

這樣的高度對飛行中的鳥類造成了重大的問題——由於溫度遠低於零度而且氧氣稀薄，呼吸變得困難，飛行肌肉必須更努力地產生額外的升力。對於這樣的挑戰，斑頭雁透過特殊的適應應對：包括與大小相似的其他雁種相比，斑頭雁具有更大的肺部、在血液中能攜帶更高容量的血紅素，這有助於牠們更有效地呼吸，將更多氧氣運送到飛行肌肉；此外，牠們還擁有相對較大的翅膀面積，產生額外的推進力和升力。

衛星追蹤顯示，斑頭雁可以在短短七小時內從海平面不間斷飛行，穿越喜馬拉雅山。這是所有鳥類紀錄中的最高持續爬升速度。雁群沿著一條「雲霄飛車」般的飛行路徑，降至山口以降低心率，然後利用上升氣流重新爬升，越過山峰和山脊。牠們在夜間飛行，此時空氣較冷且密度較高，可以產生更大的升力，並更容易避開潛伏的金鵰。

---

13 兩座山峰中間的較低處，也稱為鞍部。

斑頭雁是一種帥氣的銀灰色鳥類,鳥喙是明亮的橙色,頭頂上有兩條獨特的黑條紋。自古以來,牠一直是中國和南亞文化的一部分,既是忠誠的象徵,也是古梵文文學中具有啟發性的角色。在青海湖,斑頭雁組成大規模的鬆散群落,有時達到數千隻。配對結伴終生。雌鳥在地面上的巢中產下 3～8 顆蛋,而雄鳥協助驅逐烏鴉和狐狸等捕食者。幼鳥在孵化後的幾天離巢,55～60 天後就能飛翔。

南下遷徙再次越過喜馬拉雅山後,斑頭雁分散在印度,從阿薩姆邦到泰米爾納德邦,以及孟加拉,許多停留在耕地上大啖農作物。如今,IUCN 將這個物種列為無危(LC)的狀態。在青海,牠曾受到禽流感爆發的影響,但目前估計其數量為 97,000 至 118,000 隻,並且呈增加趨勢。牠在全球的觀賞性野生鳥類收藏中受到喜愛,而圈養的個體壽命可長達 20 年。

中國

紅腹錦雞 | Golden Pheasant

Chrysolophus pictus

　　一隻裝飾華麗的鳥停棲在一棵木芙蓉上，周遭彩蝶紛飛、百花盛放，如同五彩碎紙灑落一般。這隻鳥是在近 1,000 年前的宋朝畫成的，牠令人眼花撩亂的顏色現在已經褪去了，但線條仍然如畫家當年在綢緞上揮墨時那樣優美。畫軸的右側有著皇帝宋徽宗的題字，讚頌這種鳥的美德：文德（頭冠）、武德（腳爪）、勇德（敢於搏鬥）、仁德（分享食物）以及信德（準時在黎明啼叫）。[14]

　　這種鳥就是紅腹錦雞（或稱金雞），而這幅曠世巨作是「金雞停在木槿樹枝上」（《芙蓉錦雞圖》），這幅畫出自一個宋徽宗時期的宮廷畫家之手，如今保存在北京故宮博物院；有數不清的畫作皆在描繪這種令人目眩神迷的鳥類，而牠也在中國長久以來享有豐富的象徵意義。宋朝年間（西元 960 ～ 1279 年），婦女穿著印有紅腹錦雞的長袍參加國家特殊場合，在之後的明朝年間，這種鳥是身分地位的象徵，刺繡在二品官的徽章（補子）上。時至今日，世界各地的中國餐廳仍常以牠命名。

　　紅腹錦雞是多山的中國西方森林的特有種，在中國壯觀的各種雉雞當中是最鮮豔華美的，牠的種小名 *pictus* 意思是「彩繪的」，完美地描述了雄鳥身上不可思議的鮮明色彩組合：猩紅色的身體、藍色及綠色的翅膀與金色披肩，當然也可以指畫家有多麼頻繁地描繪這華麗的裝扮。

　　除了色彩之外，這是一種體型相對較小的雉雞，1m 的身長，尾羽就佔了超過三分之二。與許多雞一樣，牠的雌雄二型性極強，較小的雌鳥完全沒有伴侶的耀眼光彩，反而穿著細緻的褐色羽毛以便隱蔽在巢裡。這些隱密的鳥類很難被觀察到，平常在幽暗的林地上覓食，只有在受驚擾或返回樹頂棲枝時才會飛行。繁殖季期間，雄鳥在黎明大聲鳴叫，然後表演令人印象深刻的求偶舞，在跳舞時展開披肩的羽毛，並用牠銳利的腳爪迎戰敵對雄鳥。

14　出自《韓詩外傳》：「雞有五德：頭戴冠者，文也；足搏距者，武也；敵在前，敢鬥者，勇也；見食相呼者，仁也；守夜不失者，信也」。

紅腹錦雞的美麗使牠成為長期受到歡迎的觀賞鳥，牠是第一種被帶到美洲的雉雞，於 1740 年引入，據說喬治‧華盛頓（George Washington）在維農山莊擁有自己的紅腹錦雞。野生族群自那時以來在許多國家定居，包括加拿大、澳洲、阿根廷和英國。人工飼養的紅腹錦雞可活 15 年以上，繁殖者還創造了許多雜交品系，特別是與白腹錦雞（*Chrysolophus amherstiae*）。然而由於棲息地喪失和寵物貿易，紅腹錦雞在其原生地的遭遇就沒那麼好了，目前 IUCN 將其保育狀態列為無危（LC）。

日本

丹頂鶴 | Japanese Crane

Grus japonensis

　　很少有其他鳥類比日本鶴（中文一般稱丹頂鶴）更具有自然的象徵意義。丹頂鶴具有一雙長腿，身高可達 1.5m，雪白的羽衣上裝飾著大膽的黑色斑紋和火紅色的裸露頭冠，光是站著就足夠引人注目了，但是到了繁殖季時，成對的鳥會表演動物界中最令人歎為觀止的求偶芭蕾舞，蹲伏、伸展和跳躍，完美地配合著，同時在寒冷的空氣中注入狂野的號角聲。

　　再加上忠誠以及長壽的程度——這些鳥終生廝守，而且牠們在野外可以活到 40 歲，而在圈養環境中曾達到 75 歲，這種被稱為丹頂鶴或タンチョウヅル（*tanchōzuru*）的鳥深深地刻在日本文化也就不足為奇了。傳說中牠可以活 1000 年，並可以為那些作出犧牲奉獻的人帶來好運；如今，牠的形象被印刻在從筷子、和服、電梯門，日本航空的標誌等一切物品上。

　　或許更令人驚訝的是，僅僅在一個世紀前，日本讓這個國家象徵幾乎瀕臨滅絕。丹頂鶴曾經廣泛分布在整個群島上，但牠在 19 世紀末和 20 世紀初受到無情的捕獵，到了 1924 年只剩下不到 20 隻鳥，全部局限於北部島嶼北海道的釧路濕原。保育工作最終於 1935 年啟動，該鳥被宣布為國家紀念物；隨著保護區劃定、並在冬季提供額外的食物，族群量緩慢恢復。到了 1959 年，數量已達到 150 隻，並在 21 世紀初達到象徵性的 1000 隻里程碑。如今，日本約有 1300 隻丹頂鶴，全部都在北海道，丹頂鶴傳統上被阿伊努人奉為 Sarurun Kamuy，意思是「濕地之神」。

　　日本的丹頂鶴是留鳥。牠們春季在濕地繁殖，冬季北海道多雪的時候遷移到稻田，整個移動距離不超過 150km。然而還有一小部分候鳥族群棲息在亞洲大陸，這些鳥在西伯利亞、中國東北和蒙古東北繁殖，並在秋季遷徙到朝鮮半島和中國中北部地區。在中國和韓國文化中，這些鳥同樣受到尊敬：道家文學中，仙人通常騎在牠們身上；商朝的墳墓上也有牠們的形象。然而，就像在日本一樣，尤其因為繁殖地受到農業開發，文化地位也無法避免這種鳥兒在上個世紀急劇減少的情形。

丹頂鶴是世界上最重的鶴，體重可達 10.5kg。牠是一種社會性的鳥類，以家庭群體在開闊地上覓食，這些群體組成更大的集團在棲地休息以及在覓食地之間移動。牠的食物包括從昆蟲到囓齒類的小型水生動物；還有穀物，特別是在冬季時這些鳥會降落在稻田上。成年個體在三到四歲時達到繁殖成熟，形成終身的一夫一妻關係。在吵鬧的求偶儀式之後，牠們在開放的沼澤地上築巢。雌鳥通常會產下兩顆蛋，雙親共同孵化和養育這些雛鳥，並積極保護牠們免受狐狸等掠食者的威脅。雛鳥在 95 天後離巢，但會與親鳥繼續在一起九個多月。

　　今天，全球 15 種鶴中有 11 種面臨滅絕的威脅，而據估計，全球數量介於 2,800 至 3,430 之間的丹頂鶴也不例外。然而隨著亞洲大陸的族群量持續下降，至少擁有這種鳥類名稱的國家（指日本，Japanese Crane）仍為其未來提供了希望。

美國

小嘲鶇 | Northern Mockingbird

Mimus polyglottos

　　首先要澄清的是：沒有證據表明這種受歡迎的郊區歌者曾有意嘲笑任何人 [15]。是的，牠具有模仿他人聲音的出色能力，但目的並非戲弄他人，更多是為了擴展自己的歌曲庫讓同類刮目相看。稱牠為「模仿鳥」可能更為適合，事實上，這種鳥的學名清楚的說明了這一點，*Mimus polyglottus* 是拉丁文和古希臘文的組合，意思是「多舌模仿者」。

　　在美國以外的地方，小嘲鶇以其歌聲和故事而聞名。在哈波・李（Harper Lee）1960 年的經典小說「梅岡城故事」（書名 *To Kill a Mockingbird*，直譯為「殺死一隻嘲鶇」）的標題中，這種鳥是對純真的隱喻，在傳統的搖籃曲「安靜，小寶貝」（Hush Little Baby）中，牠象徵著給孩子的一份禮物（媽媽會買一只嘲鶇給你），這種鳥還是阿肯色州、佛羅里達州、密西西比州、田納西州和德克薩斯州的州鳥。以一種小鳥來說，牠給人的印象非常深刻，湯瑪斯・傑佛遜（Thomas Jefferson）對牠非常著迷，以至於他養了一隻名為迪克的寵物嘲鶇。

　　小嘲鶇擁有鳥類中最複雜且引人入勝的歌聲之一。已辨識的不同歌曲類型多達 203 種類型，其中許多源自於其他物種的樂句，如皇葦鷦鷯（*Thryothorus ludovicianus*）和北美紅雀（*Cardinalis cardinalis*）。牠還可以模仿貓、狗和蟋蟀，並嘗試模仿汽車警報器以及吱吱響的鉸鏈等機械噪音。在繁殖季期間，這些聲音被融入到重複的樂句中，這種鳥會整天在大街小巷廣播，有時甚至徹夜播放。

　　唱歌大部分由雄鳥負責。研究表明，未交配的雄鳥是最善於歌唱的，能表現出最大的歌曲變化，並展現最廣泛的演唱方向，希望能夠吸引雌鳥離開她的首選對象；雌鳥則根據雄鳥的歌聲品質和牠們保衛領地的氣勢來選擇伴侶。然而，這種鳥每年最多有四窩蛋，伴侶也可能在繁殖季期間找到新的伴侶。成功的雄鳥會隨著年齡的增長而擴充其歌曲庫。

　　本種是嘲鶇科（Mimidae）中的 17 種之一，也是唯一一種廣泛分布於

15　Mockingbird 意思是嘲笑他人的鳥。

美國的嘲鶇，其分布範圍延伸到加拿大東北部和加勒比地區。其羽毛呈灰褐色，體型略小於椋鳥，有一個獨特的習性，就是在四處跳躍尋找食物時抬起翅膀。這種鳥棲息在零散植物的開闊地區，牠完美地適應了郊區生活，修剪過的草坪為其提供了捕捉小蟲的理想場所，灌木叢提供了隱蔽的巢位，讓牠哺育平均每窩四隻的幼鳥。如今有超過一半的美國族群在城市地區繁殖。

　　儘管小嘲鶇廣受歡迎，但並非所有人都喜歡牠。這種以好鬥著稱的物種會毫不遲疑地攻擊鷹、貓和其他動物，甚至可能對被牠視為巢穴威脅的人進行攻擊。2007 年在奧克拉荷馬州塔爾薩市發生的事件中，一名郵差不斷被攻擊，結果導致社區周邊收到警告信。研究發現，嘲鶇能夠識別那些曾接近過牠們巢穴的個體，並會針對他們進行特殊的俯衝轟炸，這可不太像搖籃曲的內容。

美 國

白頭海鵰 | Bald Eagle

Haliaeetus leucocephalus

「開國元老們在選擇白頭海鵰作為我們國家的象徵時，做出了一個合適的選擇，」美國總統約翰·F·甘迺迪在 1961 年寫信給奧杜邦學會時寫道。「這種偉大鳥類強烈的美麗和驕傲的獨立性恰如其分地象徵了美國的力量和自由，」他補充道，「但作為當代公民，如果讓老鷹消失，我們將失信於人。」

自古以來，美洲原住民就尊崇白頭海鵰，視其為人類與神靈之間的精神媒介，這種文化影響力歷史悠久。白頭海鵰於 1782 年 6 月 20 日正式成為國家象徵，當時國會效仿羅馬帝國，將其形象納入美國國徽，其中一腳抓著象徵和平的橄欖枝，另一腳握有代表戰爭的箭。如今，牠威風凜凜的凝視體現了一個國家的精神，並且作為軍事象徵，與諸如權力和自由等全美價值觀緊密相連。

鑑於這種地位，你可能會期望白頭海鵰受到特別的保護。然而，在二十世紀中期，牠卻瀕臨滅絕的危機。諷刺的是，儘管沒有證據，牠好戰的名聲使農民覺得牠威脅到家畜的生存。開放打獵的季節宣告後，單單在阿拉斯加，賞金獵人在 1917 ～ 1952 年間就殺死了超過 10 萬隻白頭海鵰。接下來是污染——尤其是戰後農業殺蟲劑 DDT 的使用，這種化學物質通過食物鏈快速傳遞，導致蛋殼變薄和繁殖失敗。到了 1950 年代，這種鳥的數量從 18 世紀估計的 30 萬～ 50 萬隻，急墜至美國 48 個相鄰州僅剩下 412 對。

值得慶幸的是，保育佔了上風。白頭海鵰在 1967 年被宣布為瀕危（EN）物種；而 DDT 在 1972 年被禁止使用，自此以後牠們的數量急遽地回升，40 年內增加了 779%。在 1995 年，白頭海鵰的保育狀態由瀕危下調為受威脅。到了 2007 年，這種鳥從這兩個名單中被刪除，如今它在美國所有相鄰州，以及阿拉斯加、加拿大和墨西哥的下加利福尼亞半島都有繁殖。

真實的老鷹根本沒有「禿頭」[16]，牠的頭部覆蓋著白色的羽毛，在棕色身體和白色尾巴的對比下呈現一種黑白斑（piebald）的外觀，可能是這個

16　英文名中的 bald 是禿頭的意思。

稱號的由來。古希臘的學名更為準確，*leucocephalus* 的意思是「白頭」。無論如何，這種鳥的外觀辨識度極高，牠的寬闊的翅膀展開達 2.4m，略大於金鵰（見第 83 頁），有著亮黃色的鳥喙。身為吃魚的猛禽，使用鉤狀爪子從水面挑出獵物，牠還會捕食水鳥、小型哺乳類和腐肉，特別是在冬季，從死亡牲畜到擱淺的鯨魚都能成為菜單。此外牠還會搶奪其他掠食者的食物，尤其是魚鷹。

　　白頭海鵰在包括沿海和內陸地區的濕地繁殖，並選擇一棵大型成熟的樹來建造鳥類中已知最大的鳥巢，佛羅里達州的一個破紀錄的鳥巢經測量有 2.9m 寬，6m 深，重 1814kg。幼鷹通常有兩隻，離巢後會在父母身邊停留至多八週。一旦成熟，牠們面臨的自然威脅很少，可以活 20 年甚至更久──如果人類放過牠們的話。

美 國

艾草松雞 | Greater Sage Grouse

Centrocercus urophasianus

就在黎明前，一陣詭異的彈跳聲和冒泡聲從黑暗的懷俄明草原湧起。第一縷陽光照耀出一群像雞的鳥錯落在三齒蒿（sagebrush）灌叢中的一個空地上。他們賣弄著浮誇的羽毛和皺褶，在儀式化的舞蹈裡時而昂首闊步時而鞠躬，每隻鳥讓胸前的兩個黃色氣囊膨脹和洩氣，藉此製造出奇異的聲音，在靜止的空氣中，他們的合唱能傳遞數公里遠。

這些鳥是雄性艾草松雞，表演的是他們的共同求偶展示，被稱為求偶場。體型較小而外觀樸素的雌鳥在一旁觀看，審視雄鳥們展現的才華。這些求偶場出現在春季，每天清晨和傍晚都會持續數小時，15 ～ 70 隻雄鳥群體聚集在三齒蒿叢深處歷史悠久的求偶場上，競爭則是殘酷的階級制：一隻主導地位的雄鳥可能與 80% 的雌鳥交配，留下許多未交配的競爭對手。

艾草松雞的泡泡聲如同雷鳴般的美洲野牛群一樣，曾經是美國西部的一部分，但美國西部已經不再是昔日的模樣——曾經覆蓋著廣大草原的三齒蒿正在逐漸消失，數百萬公頃的土地變成了牧場，或是天然氣田等更近期的開發項目。這種迷人的雞完全依賴於他得名的植物，以柔軟葉子和嫩芽為食，冬季時佔其飲食來源的 99%，並使用這些濃密的灌叢築巢、做為休息地。

隨著三齒蒿的消失，艾草松雞也日漸減少。在過去的一個世紀中，牠失去了 90% 的分布區域，就像野牛一樣，現在正在努力保住牠祖傳的家園。保育學家估計該物種現存的數量約為 15 萬隻，主要集中在受保護的區域。IUCN 將本種列為易危（VU）。許多科學家認為有必要將其提升為瀕危（EN）物種。

在懷俄明州的草原上，求偶季節即將進入尾聲，雄鳥們融入地景消失無蹤，現在輪到雌鳥接手，照顧他們一窩裡面的六到九顆蛋，並撫育雛鳥。這些幼鳥一孵化就離開鳥巢。牠們一開始先吃昆蟲，但很快就會轉而以三齒蒿為食——如果還有的話。

美國
紫崖燕 | Purple Martin
Progne subis

城堡、公寓、高級大廈……，很少有野生鳥類像紫崖燕這樣擁有如此豐富的築巢選擇，而且全都是來自人類提供。紫崖燕屬於燕子家族，幾個世紀以來，這種適應了人造環境的鳥類一直與人類共存，利用我們提供的築巢空間。如今，在美國東部、中部大部分地區以及加拿大，這些人類刻意為牠們建造的家已經成為這種鳥「唯一」的繁殖場所。

提供紫崖燕住所並不新奇。早在數個世紀前，切羅基族、奇克索族和喬克托族等美洲原住民社區就已在竿子上固定了挖空的葫蘆，提供牠們築巢。他們觀察到這些空中的食蟲鳥類為家園帶來的好處：紫崖燕能迅速解決在曬乾的肉上蜂擁而至的蒼蠅，並攻擊任何可能對雞隻不懷好意的鷹，牠們啁啾的歌聲也提供了悅耳的夏日主題曲。

從單個葫蘆狀的容器，到有獨立隔間可容納數十對燕子的巨大箱子，現代文化沿用這一原則，使用合成材料製造出各種結構；在一些城鎮中，這些龐大的結構被安裝在離地 3m 高的竿子上，使它們得以避開貓和浣熊，成為市郊建築的一部分。每年，鳥兒們會成群地回來，牠們知道在人類附近築巢可以保障一定程度的安全。

在智人（*Homo sapiens*）出現之前，紫崖燕會利用樹樁上的洞穴築巢，牠們在美國西南部仍使用這種策略。然而今天美國東部大多數適合的自然洞穴很快就會被家麻雀（*Passer domesticus*）或歐洲椋鳥（*Sturnus vulgaris*）佔據，這兩種猖獗的入侵物種都是穴居鳥，總是在競爭中贏過紫崖燕，必要時甚至會摧毀牠們的蛋或幼鳥──考慮到是人類將這兩個入侵種從歐洲引入美洲，現在我們提供替代住所似乎也就理所當然。如今，住戶可以藉由驅逐外來種，或是提供椋鳥和麻雀不喜歡的新月形巢穴入口，以吸引正確的房客。

紫崖燕是一種強壯、短尾巴的燕子，可以用繁殖期雄鳥閃爍光澤的藍黑色（非紫色）羽毛來辨認。牠們在北美東部和中部地區繁殖，北至加拿大南部，西部有一些獨立的族群，並遷徙到南美洲度冬，主要在巴西，經由中美洲或加勒比海進行約 8,000km 的旅程。

在春季，第一波返回的候鳥最早在 1 月底就抵達德克薩斯州和佛羅里達州的繁殖地。雄鳥首先抵達以佔領地盤並探查巢位，在為專門鳥兒們建造的公寓中爭奪最好的房間。公寓內部，一對鳥用泥巴和樹枝建構巢穴，並鋪上葉子。雌鳥產下三到六顆蛋，雙親共同餵養雛鳥，雛鳥在孵化後約一個月離巢。繁殖後，紫崖燕會聚集成大群，通常停在橋樑或電線上，一起進食和休息，為南飛作準備。他們的集體遷徙規模大到足以被雷達偵測到。

儘管牠們在二十世紀時曾經數量崩跌，主要歸咎於那些討厭的麻雀和椋鳥，如今，IUCN 已將紫崖燕列為無危（LC）。然而，因為這種鳥現在幾乎完全依賴北美洲東部的巢箱，而且提供這些人造鳥巢的做法在年輕一代中變得不太受歡迎，已有保育人士提出擔憂。

美 國

野火雞 | Wild Turkey

Meleagris gallopavo

　　牠的名字可能會讓人誤以為出現在英國聖誕大餐上的是來自東方的大型家禽[17]，這種猜想也在其他語言中相呼應，例如法語（*dinde*：源自印度）和俄語（*indyushka*：印度的鳥），意指一種更東邊的起源。

　　事實上，這種碩大的雞來自美洲，現在全球皆有繁殖供我們食用。的確，野火雞是如此的美式，以至於班傑明·富蘭克林（Benjamin Franklin）曾經若有所思地說過，牠將是一個比白頭海鵰（見第 98 頁）更好的國家象徵──「一種勇敢的鳥，雖然有點虛榮和愚蠢」，他判斷野火雞具有「壞的道德品格」。早在富蘭克林之前，野火雞就已經是美洲原住民文化的一部分；牠從至少西元前 800 年就被阿茲特克人馴養，隨後被更北邊的原住民族所馴養。

　　至於名字，最早是西班牙的殖民者帶著野火雞回到舊世界，但來自黎凡特的土耳其商人更廣泛地在歐洲引入這種鳥。根據莎士比亞的著作，可以得知英格蘭的人在 1602 年就已經認識這種鳥，《第十二夜》中，費邊（Fabian）談到馬伏里奧（Malvolio）時說：「他已經痴心妄想得變成一頭出色的火雞了；瞧他那種蓬起了羽毛高視闊步的樣子！」。

　　本種是 *Meleagris* 屬的兩種火雞之一，並且是雞形目（Galliformes）中最重的成員，包括雉雞和其他雞都屬於此目，另一種則是中美洲的眼斑吐綬雞（ocellated turkey, *M. ocellata*），牠從未被人類馴化。雖然野生鳥比馴化的親戚小，但牠們仍然相當大，雄鳥可重達 11kg，與所有雞一樣，公雞比母雞更大、色彩更繽紛。牠們在繁殖季節時呈現最美麗的狀態，擁有閃耀著光澤的上半身，而裸露的紅色頭部有奇怪的突起；後者包括喉部的肉垂以及鳥喙上可伸縮的皮瓣，會在牠興奮時脹大。長長的尾羽展開成令人印象深刻的扇形，因其觀賞價值而受到原住民社群的重視。

　　野火雞是林地鳥類，偏好有空地的地方，在那裡覓食橡實、種子和小動物。曾經有數以百萬計的野火雞漫遊在美洲大陸上，從墨西哥中部到加拿大

17　火雞英文名 Turkey 與國家土耳其同名。

東南部，但森林砍伐和大規模狩獵使牠們的數量急墜至 1930 年代的 3 萬；自那時起，在保育工作的協助下，野火雞的數量提高到大約 700 萬隻。現在在某些地區牠們非常馴化，會靠近人類乞食，甚至在繁殖季時變得具有攻擊性，此時雄鳥求偶發出的咯咯聲可在 1km 之外聽到。儘管野火雞在地上築巢，但牠們跟所有雞一樣完全有能力飛行，每天晚上停棲在高樹上，以避開潛伏的山貓。

　　毫無意外地，如今美國是吃火雞最多的國家，每年感恩節消耗大約 4600 萬隻飼養的火雞，每年聖誕節和復活節再消耗 2000 萬隻左右。自 1970 年代以來，全球火雞肉的消耗量已經翻倍（現在已可採用許多不同的形式加工火雞肉），球芽甘藍則沒有同樣的成長。

加拿大
普通潛鳥 | Common Loon
Gavia immer

　　無論你是否知道，你都曾聽過普通潛鳥的叫聲，這是一種高亢顫抖的顫音，餘音繚繞且超脫凡塵，它已經成為電影配樂的標誌：表現孤獨和荒野，就像烏林鴞（great grey owl）的呼嘯聲之於黑暗和懸疑一樣。在《金池塘 *On Golden Pond*》中，凱瑟琳・赫本（Katharine Hepburn）笨拙地試圖模仿這種聲音，但至少她是在正確的地方──新英格蘭的湖邊。而在《法櫃奇兵 *Raiders of the Lost Ark*》和《遠離非洲 *Out of Africa*》中，導演就沒有這種藉口了。

　　這種大型水鳥儼然就是北美洲北部湖泊的代言人，其讓人難忘的呼叫和精美的繁殖羽毛[18]是古老民間傳說和圖像的主題。對奧吉布瓦人來說，潛鳥是世界的創造者，喉部閃亮的黑白色紋路像是項鍊一樣，關於其「項鍊」的神話流傳於許多原住民族之間，講述了這種鳥如何幫助欽西安（Tsimshian）巫醫恢復視力，因而獲贈這個裝飾物。如今，普通潛鳥以身為安大略省的省鳥聞名，該省擁有超過一半的繁殖族群，並出現在加拿大的一元硬幣上，被稱為「loonie」。

　　「loon」這個名字的來源尚不確定。它可能源自古諾斯語 *lómr*，也可能只是一種有趣的描述，因為牠的腳放得太後面，無法好好走路，以此形容這種鳥在陸地上笨拙的移動方式。無論如何，潛鳥在歐洲被稱為潛水員（divers），描述了牠們的捕食行為，牠們會潛入 60m 的深處，以極快的速度和靈活性追逐魚類。在歐洲，普通潛鳥被稱為北方大潛鳥，是全球五種潛鳥中最大的一種，在水中低處游泳時，突出的頭部和匕首狀的鳥喙形成獨特的輪廓。普通潛鳥的繁殖羽擁有藍黑色的上半部，裝飾著美麗的白色格子和斑點，而這件羽毛斗篷在冬天就會脫落。

　　普通潛鳥在美國北部和加拿大的大部分地區繁殖，其分布範圍從北緯 48° 延伸到北極圈，並在格陵蘭南部、冰島和斯瓦巴群島有較小的族群。主要的繁殖棲地包括森林中的淡水湖泊，其中充滿了魚類，並且為水面的起飛

18　繁殖羽：鳥類在繁殖期呈現的羽毛顏色，為了求偶，較為鮮豔醒目。

跑道準備了 充足的空間——對於這種重型鳥類來說是必要的。繁殖配對具有極強的領域性，會將整個湖泊或水灣宣示為自己的領土；各種呼叫聲傳遞得很遠，包括嚎哭聲、約德爾唱法和那些赫本模仿的顫音，不分晝夜地持續著，用來確立所有權以及保持聯繫。雌鳥平均產下兩顆蛋，孵蛋需要 28 天，雛鳥在孵化幾天後就能潛水，但在七八週大時才能飛行，還小的時候可能會騎在父母的背上。成鳥在這個時候積極地保護巢穴，並且會用牠們的鳥喙來抵禦大如狐狸的掠食者。在 2019 年 7 月，一隻在緬因州布里奇頓發現的死亡白頭海鵰，被發現有身上有普通潛鳥的喙造成的致命刺傷。

　　繁殖後不久，普通潛鳥就會向南遷徙到湖岸、水灣和未結冰的內陸水域。來自加拿大西部的鳥沿著太平洋海岸向下，最遠到達下加利福尼亞，而來自中部地區的鳥類則達到墨西哥灣，來自東部的鳥則沿著大西洋海岸南飛或橫跨到西北歐。在牠們的冬季棲息地，原本成對的鳥分開並保持沉默。然而，春季時牠們會在北方的繁殖湖泊重新團聚，荒野的配樂再次響起。

加拿大
雪雁 | Snow Goose
Anser caerulescens

　　加拿大南部的曼尼托巴省，一個寒冷的 4 月黎明，一陣不耐煩的低語飄過田野。天空逐漸變亮的同時，音量也逐漸增大，最終演變成噴射引擎的轟鳴聲。然後，隨著太陽升起，它爆發成一片劈哩啪啦的嘈雜聲。數千隻鳥正在準備起飛，從黑暗的地平線升空。起初，他們幾乎遮蔽了天空，在頭頂上空翻騰，形成翅膀組成的暴風雪。接著，鳥群分散成一行行縱隊，每一行都朝著覓食地飛去。

　　雪雁在移動中度過了超過一半的生命，每年春天向北遷徙到北極的繁殖地，然後在秋天返回到最南至德克薩斯州的農田和沿海平原度冬。傳統上，他們途中會利用濕地做為休息站。數萬隻雪雁集結在一起，每天往返於棲息地和覓食地之間，形成北美最令人印象深刻的野生動物奇觀之一。

　　這種中型的雁類因其雪白的羽毛而得名，只有黑色的翼尖、粉紅色的鳥喙和玫瑰紅的腿部與腳做為點綴。牠還有一種藍灰色的型態，被稱為藍雁（blue goose）。與顏色無關，科學家們識別出兩個亞種。小雪雁（*A. c. caerulescens*）體型稍微較小且數量佔多數，牠的繁殖區域包括加拿大中北部，往西跨越白令海峽到西伯利亞東北部；而度冬地橫跨美國南部，從加利福尼亞到德克薩斯的海灣（雖然西伯利亞的鳥在英屬哥倫比亞度冬）。大雪雁（*A. c. atlanticus*）在加拿大東北部和格陵蘭繁殖，冬季遷徙至大西洋沿岸平原，南至北卡羅來納州。

　　遷徙的雪雁以家族團體的形式旅行，在中途休息站聯合成更大的群體。牠們每天可飛行超過 1,000km，並使用嘹亮的叫聲保持聯繫。一旦到達位於苔原的繁殖地，每對雪雁都在包含數千對雁鳥的大群落中佔領自己的領域。築巢從 5 月底開始，一旦冰雪融化，雌鳥在一個淺凹、鋪墊了植物材料和羽絨的巢產卵，雛鳥在 22 ～ 25 天後孵化，幾天後離巢。親鳥為了保護雛鳥免受如北極狐等劫掠者的威脅，並且能在強大掠食者的附近獲得保護，有時雪雁會靠近雪鴞（*Bubo scandiacus*）築巢。

雪雁是貪吃的鳥類，超過 50% 的時間都在覓食。在北極牠們主要以草為食，然而冬季時，許多雪雁將其沿海的覓食地點轉移到內陸，並且食用剩餘的穀物，造成牠們的數量激增；目前約有 600 萬隻小雪雁，數量是 1970 年代的三倍，對於這種鳥類的苔原繁殖棲地產生嚴重影響，特別是在哈德遜灣周圍。1999 年，加拿大放寬了狩獵限制，目的是將數量族群數量減少至可永續生存的水平，然而，到目前為止數量仍在增加，這場一年一度的白色暴風雪絲毫沒有減弱的跡象。

烏林鴞 | Great Grey Owl

Strix nebulosa

　　古老諺語中睿智的貓頭鷹，肯定不會比這隻更聰明。是的，所有的貓頭鷹似乎都有表情，這要歸功於牠們向前看的大眼睛和臉部斑紋，但是有些物種散發出凶猛或憤怒，而烏林鴞則流露出充滿智慧的好奇心，你幾乎可以想像牠的雙眼從眼鏡後方端詳著。

　　這種智慧當然只是由白色眉毛和環繞銳利黃色眼睛的同心圓所引發的聯想，而黑色的山羊鬍和碩大的腦袋（所有貓頭鷹中最大的）更加深了這個印象。實際上，烏林鴞的面盤是一種衛星碟形天線狀的適應，可增強其非凡的聽覺；這種鳥可以光是透過聲音定位，就能捕捉一隻沿著雪面下60cm處爬行的田鼠。煙燻灰褐色羽毛做成的柔軟斗篷誇大了頭部的真實尺寸，事實上，這種貓頭鷹從頭到尾可達80cm，平均而言是世界上所有貓頭鷹中最長的，但牠們並不像看起來那麼大。大多數鵰鴞（eagle owl, 鵰鴞屬 *Bubo*）擁有較短的尾巴，但體重較重且力量更強。

　　無論智慧與否，這種難以捉摸的鳥體現了加拿大北方的森林，是暮光和陰影的化身；牠在原住民族的民間傳說中佔據大量篇幅，並且擁有多個俗名，包括「幽靈貓頭鷹」和「北方幻影」。恰如其分地，這個物種在加拿大於十八世紀末首次被科學描述，如今牠是曼尼托巴省的省鳥。然而，這種鳥的分布範圍遠不止加拿大，而是南至美國西部被森林覆蓋的山區；此外，另有一個獨立的亞種分布東至歐亞大陸的森林，從斯堪地那維亞到西伯利亞。

　　烏林鴞常出沒於各種類型的森林，特別是雲杉和樺樹；但牠們一定需要空地來捕獵、有樹椿作為棲枝，以及盤根錯節的老樹來築巢和休息。烏林鴞的主食是小型囓齒動物，通常是旅鼠和田鼠，牠們可以在棲枝上鎖定獵物，也可以在空地上方低飛，來仔細搜索下方的地面。本種的「撲雪」技巧已臻至完美，腳朝下穿過雪地，抓住隱藏在雪下的獵物。由於囓齒動物「爆炸——消亡」繁殖循環的週期性現象，當鼠類供應耗盡，烏林鴞會往南遷徙，有時會發生「大量遷徙」的現象：例如在 2004 ～ 2005 年的冬季，明尼蘇達州記錄到約 5,000 隻烏林鴞，是該州先前紀錄的 13 倍。

在春季，求偶由雄鳥深沉而有節奏的呼呼聲開始。配對的烏林鴞通常會佔據另一隻鳥的舊樹枝巢，但也可能會使用高樹樁頂部的空洞。保育人員發現人造巢也是可行的，甚至將狗窩高放在樹枝上也行。儘管在鼠類稀缺的年分，烏林鴞可能根本不產卵，但雌鳥平均每次可產下四顆蛋。孵卵大約需要30 天，雌鳥會再守護幼鳥二到三個星期，期間雄鳥為牠們提供食物。幼鳥離巢後會在巢位附近逗留至少兩個月，牠們的父母會積極保護牠們免受掠食者的威脅。

烏林鴞在國際上被列為無危（LC）物種，然而，牠的數量相當大程度地隨著田鼠的數量波動。而且本種受到現代木材管理的威脅，例如：適合其築巢的樹木和枯木棲枝被移除，而森林間的空地種滿了樹等。加拿大仍然是烏林鴞的大本營，據估計，這裡的數量超過全球 6 萬隻個體的一半，林務工作者可能還需要多一點智慧才能維持這種狀態。

墨西哥

走鵑 | Greater Roadrunner

Geococcyx californianus

　　對於好幾個世代的小朋友（和父母）來說，是華納兄弟的卡通把這隻鳥推上檯面的。《威利狼與嗶嗶鳥》（*Wile E. Coyote and the Road Runner*）最初由動畫導演查克·瓊斯（Chuck Jones）和作家麥可·摩提斯（Michael Maltese）創作，於 1948 年至 2014 年間播放，描述了倒楣的犬類企圖以越來越複雜，但總是失敗的方式捕捉那隻跑得飛快的鳥類獵物。

　　在現實生活中，走鵑並不會說「嗶嗶！」，牠的學名也不是 *Boulevardius burnupius*。但這部卡通在其他方面並沒有偏離太多，這種棲息在地面的杜鵑親戚確實是飛鳥中的尤塞恩·博爾特（Usain Bolt）[19]，有時在地面呼嘯而過的速度可達 30kph。由於那些短翅膀只適合每次在空中停留幾秒鐘，飛行是牠最後的手段。走鵑原生於夏旱灌叢（Chaparral），這是覆蓋了墨西哥和美國南部大部分地區的半沙漠灌叢地帶。傳統上，墨西哥人認為走鵑是送子鳥，就像歐洲的白鸛一樣（見第 56 頁）；而原住民普韋布洛社群則將這種鳥視為對抗邪靈的保護者。對鳥類學家來說，這是兩個相似物種中較大的一種，牠們都屬於杜鵑科。雖然牠像所有杜鵑一樣具有兩趾向前，兩趾向後的對生腳趾（zygodactyl）；但長腿和地棲習性讓牠看起來不太一樣。牠的身長約為 50 ～ 60cm，最引人注目的特徵是活潑、向上翹的尾巴和頭冠。

　　走鵑以迅雷不及掩耳之勢捕捉獵物，跑步時頭和尾巴伸直平行於地面。獵物包括昆蟲和蠍子，還有爬行動物和小型哺乳類。這種鳥反應速度之快足以從空中抓到蜻蜓，甚至可以對付小型響尾蛇——抓住蛇的尾巴，將其頭甩在地面上。牠習慣將食物整個吞下，有時會留下蛇的一截懸在鳥喙上晃呀晃，其餘的部分則在體內消化。

　　這些鳥類良好地適應了乾旱的環境，能夠在排泄之前重新吸收糞便中的水分，並使用在眼睛前的特殊腺體排除牠所攝取的水分中的鹽分。沙漠也可能非常寒冷，因此走鵑會在寒冷夜晚之後的早晨做日光浴，將背部的羽毛蓬

19　尤塞恩·聖利奧·博爾特（Usain St Leo Bolt），牙買加前男子短跑運動員，世界紀錄保持者、奧運金牌得主，被稱為地球上跑得最快的人。

鬆地撐開來，暴露下面的黑色皮膚，吸收更多的太陽能量。

在春天，雄鳥會用輕柔歌聲、擺動翅膀，將搖晃的食物做為禮物來追求伴侶。與一些杜鵑不同，走鵑並不是巢寄生的鳥，而是通常在灌木叢或仙人掌中，雄鳥負責收集建築材料，而牠的伴侶則專心建造鳥巢，並產下二到八顆淺色的蛋。雛鳥在孵化後約 18 天離巢，但會在附近待上兩個星期討食。速度也幫助走鵑逃離危險，不僅僅是威利狼，還有一系列的捕食者：包括臭鼬、家貓和猛禽。牠用鳥喙的敲擊聲發出警報。諷刺的是，對本種最大的威脅可能來自道路——不僅僅是危險的交通；還有新高速公路的激增，使得族群分散。嚴冬也可能是一場災難：走鵑不會遷徙，所以嚴重的結冰可能比任何煩人的郊狼更致命。.

墨西哥

鳳頭卡拉鷹 | Crested Caracara

Caracara cheriway

　　官方資料聲稱墨西哥的國鳥是金鵰（見第 83 頁），證據就在國旗上，
這隻大型猛禽展開雙翼，站在白、紅和綠色的紋章色帶上，但國旗上描繪的
鳥真的是一隻老鷹嗎？著名的墨西哥鳥類學家拉斐爾·馬丁·德爾·坎波
（Rafael Martín del Campo, 1910 ～ 1987）指出牠實際上應該被視為鳳頭
卡拉鷹，牠是一種體型較小的猛禽，但與墨西哥更緊密相關，畢竟這種鳥對
阿茲特克人來說是神聖的，並且在前哥倫布時期的古籍裡就有描繪；牠的羽
毛曾經被用於祭司的儀式頭飾，鳥喙和腳爪則研磨成粉末作為催情劑。

　　無論牠的官方地位如何，大多數墨西哥人更熟悉的是卡拉鷹而非金鵰。
這是一種中等大小的猛禽，有著長腿、黑白色的羽毛和裸露的臉，根據年齡
或心情呈現紅色或黃色。牠生活在開闊地帶，從半沙漠到牧場和沿海平原，
常常可以看到牠在地上跳躍或引人注目地停棲在仙人掌頂部，發出一連串的
卡拉卡拉叫聲。在墨西哥以外，它的分布範圍南至中美洲到巴西，北至美國
南部，在德克薩斯州南部很常見。

　　鳳頭卡拉鷹主要是一種食腐動物，為了與經常共同進食的禿鷹一樣，避
免在血淋淋的屍體中進食時弄髒羽毛，適應出裸露的臉；然而這種鳥不是禿
鷹，而是屬於隼科（Falconidae）。與典型的隼不同，牠不在飛行中鎖定獵
物，而是使用較短而寬的翅膀進行低空覓食，通常在禿鷹之前抵達屍體，然
後趕走較大的競爭對手。長腿使牠能夠在地面上覓食，從野兔到捕鳥蛛等各
種動物都是牠的獵物。藉由共同合作，鳳頭卡拉鷹可以組成團體壓制大如臭
鼬或紅尾蚺的獵物，用牠們強而有力的腳施加致命的打擊。

　　繁殖季始於嘈雜中，配對的鳳頭卡拉鷹一前一後將頭後仰，發出充滿喉
音的求偶叫喚聲。牠們的巢有的是接手其他鳥的舊巢，有的則是由樹枝和草
雜亂地組裝而成，通常築在像是牧豆樹和仙人掌等沙漠植物上，並且經常裝
飾著動物殘骸。雌鳥會產下二或三顆蛋，孵蛋期 28 ～ 32 天，在此期間雙
親都會保衛巢穴，以免受到浣熊等掠食者的威脅。幼鳥在離巢後會在父母身
邊待上幾週，家庭成員可能會組成更大的群體，共同棲息和覓食。

分類學家於 1999 年將北鳳頭卡拉鷹從其幾乎相同的表親南鳳頭卡拉鷹（southern crested caracara, *C. plancus*）中分離出來，但這兩者僅在細微的羽毛細節上有所不同。如今，這兩種鳥的狀況還算不錯，被 IUCN 列為無危（LC）物種。但如果保育人士沾沾自喜，他們只需要回憶一下已滅絕的瓜達盧佩卡拉鷹（Guadalupe caracara, *C. lutosa*）的命運，該物種被冠上「邪惡」和「惡毒」的名號，是唯一已知被人類蓄意滅絕的鳥類——因為牠在墨西哥瓜達盧佩島上攻擊殖民者引入的山羊，而最後一隻活體在 1903 年被人看到。

墨西哥

綠藍鴉 | Green Jay

Cyanocorax yncas

　　一陣機關槍般刺耳的金屬音從牧豆樹灌叢傳出：「喳、喳、喳！」隔壁的灌叢響起了回應。一隻鳥降落到塵土飛揚的地面，伴隨翠綠和藍色光影，牠四處跳動一陣子，不耐煩地戳著一顆掉落的種莢，然後躍入另一叢灌木，鮮豔的黃色尾巴一閃而過。兩隻鳥翅膀啪嗒啪嗒地飛著，很快就隱沒在茂密的樹葉中。接著又來了兩隻追趕著鳥群，並堅定地叫著。

　　綠藍鴉的進食派對十分引人注目，這些生機勃勃的鳥兒在灌木叢棲地裡無時無刻都在移動，尋找任何可食用的東西如：果實、種子、昆蟲等，同時用各種旋律與不和諧的鳴叫聲溝通。一眼看去，牠們瀟灑的黑色面罩，襯托著豐富的綠色、黃色，以及頭冠和臉頰上的一抹電光藍。然而，當牠們低伏時卻可以消失無蹤，那拼貼般的羽毛成為一片綠意中巧妙的偽裝。

　　藍鴉（jay）屬於鴉科，跟烏鴉和喜鵲一樣非常聰明，這種鳥也不例外。觀察一群覓食的鳥兒，牠們的好奇心很快就變得顯而易見，如果像科學家們那樣對牠們進行更長時間的研究，你將發現牠們的天賦有多麼高。牠們使用小樹枝撬開樹皮並挑出食物，是北美地區已知為數不多會使用工具的鳥類之一；與其他藍鴉一樣，牠也會將食物儲藏起來，以便以後取回。而且牠廣泛的歌曲庫甚至還包括模仿鷹的能力，這樣既能嚇跑競爭對手，又能使其他鳥因恐懼而放棄自己發現的食物。

　　綠藍鴉常出現在矮灌木叢、公園和開闊的林地中。4 月分，一對綠藍鴉在多刺的樹叢中建造牠們的樹枝巢。一窩三到五隻雛鳥會得到牠們一歲的兄姊協助，這些手足是前一年的一窩，牠們一直留在附近協助父母保衛領域，一旦新一窩的幼鳥離巢，父母就會驅趕這些賴在家的青少年，讓牠們開始自己的新生活。

　　本種分布範圍從宏都拉斯到德克薩斯州南部，為孤星之州帶來了一抹拉丁風情，然而，牠在墨西哥最廣為人知，特別是在猶加敦半島，牠在那裡啟發了綠藍鴉馬雅賞鳥俱樂部（Green Jay Mayan Birding Club）。如今，在這位吸睛的宣傳大使的加持下，此社群已經從默默無聞的小團體發展成對整個半島的保育發揮重要影響力的組織。

蓋亞那

麝雉 | Hoatzin
Opisthocomus hoazin

　　從動物的綽號可以看出牠給人留下了怎樣的印象，這個奇異的物種有許多綽號，例如有「爬行鳥」、「臭鼬鳥」和「臭鳥」，還有「坎赫雉」，坎赫是蓋亞那的一個地區，這種鳥是該國的國鳥。

　　儘管外表相似，但麝雉並不是雉雞，長尾巴、短翅膀和小頭曾經使牠被歸類為雞形目。確定牠的真實身分一直很棘手，後來的理論將麝雉與杜鵑、蕉鵑甚至鴿子放在一起。無論是 DNA 證據還是化石紀錄都沒有提供確定的答案，如今許多分類學家樂於將這個怪咖視為其自成一目的唯一成員，即麝雉目（Opisthocomiformes）。

　　不管分類學上的真相如何，麝雉都是一種充滿魅力的生物。乍看之下，「爬行鳥」似乎很貼切，確實，憑藉其短翅膀、長尾巴、刺狀頭冠和裸露的藍臉，牠與所有有羽毛生物的史前祖先始祖鳥（*Archaeopteryx*）的藝術形象有著不可思議的相似之處，這種相似性促使早期科學家猜測麝雉代表了爬行動物和鳥類之間遺失的連結，而雛鳥孵化時每邊翅膀上有兩個爪子，分別位於第一和第二指，此一發現更加深了這個猜測。

　　事實上，這些爪子是一種相對較新的適應，而不是某種演化的痕跡。麝雉棲息在熱帶沼澤森林，通常是在平靜的死水區域，牠們建築了懸在水面上的脆弱樹枝巢。當蛇或猛禽等危險出現時，成鳥會嘈雜地拍打翅膀離開鳥巢，留下雛鳥自生自滅；然而雛鳥卻擁有一種逃跑策略：牠們會墜入下面的水中，隨水流漂流一小段路，然後利用牠們的爪子加上嘴巴和腳，將自己拉回來，一旦危險過去後就返回到鳥巢裡。

　　「臭鳥」這個名稱追根究柢來自於食物處理。麝雉主要以疆南星屬（arum）等沼澤植物的葉子為食，利用一種稱為「前腸發酵」的獨特消化系統，來處理這種富含大量纖維的食物——簡而言之，食物在通往胃的過程中，在特殊嗉囊裡發酵並分解。這種機制有其缺點，首先，為了容納擴大的嗉囊，麝雉必須縮小關鍵的飛行器官，如胸肌和胸骨，因此飛行能力較差。其次，發酵會散發惡臭，讓這種鳥聞起來像糞肥一樣。

麝雉進食時在葉子中笨拙地攀爬，牠們常因氣喘吁吁的叫聲而被發現。嗉囊底部的一團羽毛能夠幫助牠們在樹枝上保持平衡，這種技巧被稱為胸骨棲（sternal perching）。一對麝雉平均一窩有兩隻雛鳥，翼爪早在雛鳥成年前就會消失。兩年內，這些年輕的鳥會充當父母的助手，照顧下一窩雛鳥，並協助餵食牠們反芻出來的發酵葉子製成的臭湯。

　　在蓋亞那以外，麝雉廣泛分布於南美洲北部，尤其是在亞馬遜和奧里諾科盆地。雖然棲息地損失一直是個威脅，但牠們的族群大致穩定；一些原住民在傳統上會採集這種鳥的羽毛和蛋，但因為其難聞的味道聲名遠播，所以免於被當作桌上佳餚。

巴西

紫藍金剛鸚鵡 | Hyacinth Macaw

Anodorhynchus hyacinthinus

　　一陣沙啞的尖叫聲宣告著「鸚鵡之王」的到來，不出所料，兩隻身材龐大的藍色鳥類平穩地飛入視線中，降落在一棵高大的巴拿馬樹（manduvi）上，開展著牠們長長的尾巴。樹枝上的對話繼續進行著，雄鳥和雌鳥一邊低聲咕噥，一邊安頓下來，然後用牠們胡桃鉗般巨大的喙互相理毛。

　　在巴西潘塔納爾的心臟地帶——巴西西南部廣袤的濕地，你很難忽視紫藍金剛鸚鵡。牠又吵又高調，表面上看似族群興旺，可惜事實並非如此。據估計，紫藍金剛鸚鵡在全球僅有不到 6,500 隻個體，這種華麗的鳥兒是棲息地喪失和非法寵物鳥盜獵的受害者，成鳥的售價可超過 1,000 美元。據估計，在 1980 年代約有 1 萬隻紫藍金剛鸚鵡被從野外捕捉，而今天 IUCN 將這種鳥類列為易危（VU）物種，全球 145 種鸚鵡中有 46 種面臨滅絕的威脅。

　　潘塔納爾是巴西三個仍有這種鳥類的區域中最大的一個。在這裡，紫藍金剛鸚鵡主要以棕櫚果為食，特別是刺瓶椰（*Acrocomia aculeata*）和尤魯庫里棕櫚（*Attalea phalerata*）的果實，牠們利用強壯的鳥喙打開連錘子也認輸的果實，並用肌肉發達的舌頭撬出內容物。配偶終身成對，並且在樹洞中築巢，通常每季只產下一隻雛鳥。這隻幼鳥約 110 天後會離巢，並繼續與親鳥一起生活六個月，直到七歲才會開始繁殖。

　　這種鸚鵡身長近 1m，是世界上最長的鸚鵡，重量僅次於紐西蘭無法飛翔的鴞鸚鵡（見第 192 頁）。眼睛和鳥喙周圍閃耀著淡黃色的裸露皮膚，搭配耀眼的藍色裝束，辨識度極高，這是一種壽命長、並具有高度智慧的鳥類，沒有天敵。然而，紫藍金剛鸚鵡生態的核心存在一種奇怪的雙重性：牠仰賴托哥巨嘴鳥（toco toucan, *Ramphastos toco*）散播巴拿馬樹的種子，巴拿馬樹是牠築巢的所在，然而這種巨嘴鳥也是鸚鵡蛋的主要捕食者。

　　如今，保育人士正努力在紫藍金剛鸚鵡的分布範圍中保護牠們——包括加固築巢棲息地，以及打擊盜獵和非法交易。紫藍金剛鸚鵡的優勢在於牠的受歡迎程度，這種壯觀的鳥受到當地牧場的歡迎，成對的鳥有時會使用巢箱，也可能在這裡居住多年。隨著生態旅遊的地位如今在潘塔納爾濕地的經濟發展中，與畜牧業不相上下，照顧這些萬人迷鸚鵡開始獲得了回報。

秘魯
安地斯動冠傘鳥
Andean Cock-of-the-rock

Rupicola peruvianus

　　這些聲音沒什麼特別的：一陣喘吁吁的打嗝聲從黎明前的黑暗中飄起，如同一群患有哮喘的青蛙在合唱一樣，然而唱歌的卻另有其人。最初只能看到顏色，像是幽暗森林裡的燈籠一樣，無形的火球上下躍動。但黎明很快帶來了答案，十幾隻大小如鴿子的鳥，輪廓逐漸清晰，身披螢光的猩紅色，熟練地在樹枝間跳來跳去。透過雙筒望遠鏡，你可以看到瘋狂的白色眼睛和奇異的扇子狀面部羽毛，每隻輪流站上舞台中央。

　　這些古怪的生物是安地斯動冠傘鳥，牠們每天的例行公事是求偶場（lek），這是世界各地由一群特定動物採用的集體求偶展示的形式：雄性會在一個傳統的競技場周圍昂首闊步炫耀自己，觀眾則是場邊的雌性，她們可以藉由這些展示中的才華挑選對象。在秘魯多霧的森林中，這種情景每個繁殖季都會在同一個舞台上演，世代相傳。雄鳥在清晨的微光中聚集，並且進行求偶展示；當傍晚光線再次達到相同的強度時，牠們會再次回來進行一場重複的表演。

　　安地斯動冠傘鳥於 1941 年正式被宣布為秘魯的國鳥，然而這種原住民克丘亞人稱之為洞奇（tunki）的非凡鳥類，數世紀來一直受到高度尊崇。這種鳥華美的服飾據說啟發了印加人儀式用的猩紅色長袍和精緻的冠狀頭盔，甚至是他們在嬰兒還小的時候用石頭綁定頭顱，使孩子的頭部形狀更加延長的習慣。

　　對於鳥類學家而言，這是兩個相似物種的其中一種，另一種是生活在亞馬遜低地的蓋亞那動冠傘鳥（Guianan cock-of-the-rock, *R. rupicola*），兩者均屬於拉丁美洲的鳴禽傘鳥科（Cotingidae）。安地斯動冠傘鳥生活在比姐妹物種更高的海拔，分布於海拔 500～2,400m 陡峭、長滿苔蘚的東安地斯山脈森林中，從委內瑞拉一直延伸到玻利維亞。兩者都在求偶場中表演，雄鳥是一夫多妻制，將所有努力都投注在這些展示上，一旦追求者被選擇並完成交配，雌鳥將獨自完成繁殖過程。牠們在洞穴或裂縫的入口處（因而得

名石頭上的雞，cock-of-the-rock）用泥巴和唾液築起杯狀巢，產下一窩兩顆白色的蛋，孵化時間為 25 ～ 28 天。

　　離開求偶場後，這是一種羞怯的鳥類，牠在雲霧森林的中層覓食果實和昆蟲，偶爾會捕食小青蛙和其他脊椎動物，意外地相當不起眼。研究顯示，牠的糞便在種子傳播中發揮了重要作用，而求偶場經常生長著各種牠們「栽種」的植物。

　　鏡頭回到晨間秀，大約一小時後表演結束，趁著舞台燈光將他們耀眼的服裝變成紅尾蚺或美洲豹貓的目標之前，表演者消失在後台。如今，比這些掠食者更嚴重的威脅來自於棲地喪失，但由於擁有健康的族群，這種鳥享有無危（LC）的地位，作為一個絢麗的國家象徵，目前仍然是安全無虞的。

鳳尾綠咬鵑 | Resplendent Quetzal

Pharomachrus mocinno

　　中美洲的原住民將這種鳥尊為「羽蛇神」魁札爾科亞托（Quetzalcoatl），對阿茲特克人和馬雅人來說，牠象徵著自由與光明，他們的頭飾複製了雄鳥身上長長的祖母綠羽衣，被認為預示著春天新生的到來。傳說中的英雄特昆・烏曼（Tecún Umán）是位於今日瓜地馬拉高地的基切馬雅人（K'iche' Maya）的最後統治者之一，據說在他對抗西班牙人的戰鬥中，有一隻鳳尾綠咬鵑的靈魂環繞在身旁引導他，當他最終被殺時，這隻鳥將羽毛浸入他的鮮血中，因此有了腥紅色的胸部。征服者到來之前的傳說中，這種鳥是一位美麗的歌手，自征服者到來以後就沉默著，只有在土地得到解放之後才會再次歌唱。

　　除了神話之外，鳳尾綠咬鵑是咬鵑科（Trogonidae）中最大的成員，該科的鳥類分布在全球的熱帶森林中。牠在 1832 年被墨西哥自然學家巴勃羅・德拉・拉瓦（Pablo de la Llave）首次描述，他為這種鳥取的名字來自阿茲特克納瓦特爾語中的 *quetzalli*，意思是「挺拔的羽飾」，然而科學無法充分展現這種鴿子大小的雄鳥的恢弘氣勢──牠泛著虹彩的綠色上背在光線下閃爍著金色或紫羅蘭色，搭配著猩紅色的下身、亮黃色的鳥喙、一頂頭盔狀的冠羽，以及最令人印象深刻的是那出色的 65cm 長、祖母綠色的尾上覆羽；當牠在霧氣瀰漫、苔蘚覆蓋的雲霧森林中的樹枝間飛躍時，這些羽毛會在牠身後蛇行。

　　這是一種生活在高海拔的鳥類，其相對較小的族群散布在科迪勒拉山系的山峰之間，從墨西哥南部到巴拿馬西部。與所有咬鵑一樣，鳳尾綠咬鵑主要以果實為食，其食物組成大部分是野生酪梨和其他樟科（Lauraceae）植物的果實，整顆果實吞下後再嘔吐果核。雖然牠可能不是一位出色的歌手，但牠經常發出一種重複的三音節叫聲，更像是小狗的嗚咽聲，在樹冠中透露自己的存在。

　　鳳尾綠咬鵑的配偶是一夫一妻制，牠們在老樹椿的腐朽木材中挖掘巢穴，並且具有領域性。繁殖期在 3 月到 6 月，由雄鳥和雌鳥輪流孵化兩顆蛋，孵蛋時，雄鳥的長羽飾反向摺疊越過頭頂並伸出洞外，看起來像樹蕨一

樣；但雌鳥的綠色較為黯淡，並且沒有裝飾羽，她在雛鳥離巢之前離開，讓她的伴侶完成剩下的工作。年輕的雄鳥必須等待三年才能獲得完整的羽衣。

　　如今鳳尾綠咬鵑是瓜地馬拉的國鳥，並被鑄入該國的貨幣。然而，牠很不常見且難以捉摸，被 IUCN 列為近危（NT）物種。盼望能一親芳澤的賞鳥者也可以嘗試造訪哥斯大黎加，那裡的蒙特維多雲霧森林自然保護區（Monteverde Cloud Forest Biological Preserve）可能是最廣為人知的熱點。無論在哪裡，棲息地喪失始終是一個威脅，因為鳳尾綠咬鵑需要有足夠的破碎樹樁作為巢位，並位於不受干擾的大片原始森林區域。即使在優良的地形中，也可能很難找到牠，當牠靜靜地停著時，身上那些泛著虹光的綠色與潮濕的森林樹冠閃爍的葉子融為一體，但只要你看過一眼，就很難忘掉牠。

智利
安地斯神鷹 | Andean Condor
Vultur gryphus

在我們的想像中，極少有動物和地景的組合比這種巨大的鳥和牠所生活的安地斯山脈更密不可分。對於任何野生動物紀錄片的觀眾來說，看到「神鷹」這個詞就會立即在腦中響起排蕭吹奏的配樂。鳥和地方似乎串連在一起，共同構成了對荒野和壯闊場面的讚美。

如果鳥類的大小是以翼展和體重綜合評估，那麼安地斯神鷹便是世界上最大的飛鳥。牠的翼展從翅膀末端到另一端可達到 3.3m，只有某些信天翁的翼展能超過這個數字；而雄性的平均體重為 12.5kg，僅次於兩三種鴇科（bustard, Otididae）鳥類的雄鳥。神鷹擁有所有鳥類中最大的翅膀面積，使其能夠利用山區的熱氣流和上升氣流，在山峰和峽谷上空翱翔數英里，幾乎不用拍動翅膀。

就算不看體型，也不可能會認錯這種巨大的鳥類。成鳥頸部厚厚的白色羽毛圍成一個莎士比亞風格的襞襟 [20]，以及翅膀上寬大的白色斑塊，襯托出烏黑的羽衣。光禿禿的頭部是為了將頭埋進動物屍體時防止羽毛弄髒的適應，帶有可以充氣的肉垂和頂部的頭冠，臉部呈灰色，在牠興奮時（比如在一邊跳躍一邊咯咯叫的求偶展示時）會泛出更明亮的紅色。

安地斯神鷹是新世界禿鷹（Cathartidae）中最大的一種。這些鳥是否與非洲和歐亞的舊世界禿鷹有親戚關係，或者僅僅是經由趨同演化獲得了類似的特徵，仍然是分類學家之間爭論不休的議題，無論是哪種情況，這兩個群體在外觀和生活方式上都很相似。安地斯神鷹幾乎完全以大型屍體為食，曾經主要是大型野生哺乳動物，例如原駝和鹿，如今越來越多是吃死掉的家畜。牠們敏銳的嗅覺在鳥類中非同凡響，使牠們能夠遠距離偵測到腐爛的肉。個體為了覓食，每天飛行範圍可覆蓋 200km，並且可能被較小的物種引導至腐肉，例如紅頭美洲鷲（turkey vulture, *Cathartes aura*），後者依賴神鷹更強大的力量和更大的喙來打開大型屍體。神鷹可能連續幾天不進食，

---

20 襞襟：是一種用於裝飾衣領的絲織品，於 16 世紀中期至 17 世紀中期流行於西歐地區的上流社會之間，像個圓盤般將頭頸部圍在中間。

但也可能在一次進食中吃得太多，幾乎飛不起來。這些鳥可能聚集在大型屍體周圍，尤其是智利沿岸的鯨魚屍體。

安地斯神鷹是一種生活在山區的鳥，築巢在海拔 3,000 ～ 5,000m 區域的突出岩石上，雖然可能會下到低地覓食腐肉。牠們的配偶是終身制，每年會產下一或兩隻雛鳥，雛鳥六個月大時就能飛行。由於沒有天敵和較慢的繁殖速率，本種是世界上壽命最長的鳥之一；席歐（Theo）是一隻圈養的神鷹，於 2010 年在康乃狄克州動物園以 79 歲高齡過世，是有史以來最長壽的鳥。

安地斯神鷹的分布範圍從委內瑞拉往南一直到火地群島，即南美洲的最南端。從至少西元前 2500 年以來，這種鳥在這整個地區的文化中都佔據著重要地位，在古代被神格化為太陽神，曾在儀式中扮演關鍵角色，如今包括智利，安地斯神鷹出現在七個國家的國徽上。但不幸的是，這種鳥的標誌性地位未能阻止其數量減少，如今，剩餘的數量大約 是 6,700 隻，在北部極為罕見，個體大部分分布在智利和阿根廷，即使在當地牠仍然很脆弱，歸因於棲息地喪失和次級毒害——在 2018 年的一起事件中，有 34 隻神鷹和一隻美洲獅在一具被下毒的屍體旁邊死亡，那原本是用來毒殺大貓用的。這種鳥現在被列為易危（VU）物種，保育工作正在進行中，包括人工孵化和野外重新引入計畫，科學家希望能夠取得成功，否則，如果安地斯山脈上空沒有神鷹，那首排簫的慶祝曲可能會變得更像輓歌。

玻 利 維 亞

湍鴨 | Torrent Duck

Merganetta armata

　　在安地斯高山的湍急白水中，湍鴨擔任起特技泛舟者的角色，牠們可以毫不在乎地猛然將自己拋入漩渦之中，這樣的場景可能讓人心驚膽跳，然而就在鳥兒看似已經溺水或被沖得粉身碎骨時，牠們竟然浮出水面，奇蹟般地毫髮無傷。

　　這種鳥隸屬於麻鴨亞科（Tadorninae），是安地斯山的特有種，棲息在沿著整個山脈範圍的湍急山間溪流。儘管在更南部的地區牠可能出現在海平面，但在玻利維亞和其他中部地區，這是一種高海拔的鳥類，選擇了對大多數其他物種來說過於危險的棲息地。

　　食物當然是這種大膽生活方式的動力，湍鴨以石蠅幼蟲等水生無脊椎動物為食，這些生物本身已經特別適應湍流的環境，由於自然界中沒有其他競爭者勇於挑戰洶湧急流，湍鴨能夠獨享水中的食物，牠們會潛入水面下在岩石底部戳探，甚至直接在傾瀉的瀑布下覓食。

　　即使沒有這種非凡的行為，湍鴨本身也非常獨特。雄鳥擁有大膽的條紋頭部和頸部，以及鮮紅的喙，雌鳥則擁有黃色的鳥喙和鮮豔鏽橙色的下半身；兩性都擁有一條又長且意外堅硬的尾巴，既可作為在洶湧水中有力的舵，也可作為停棲在滑溜岩石表面時的支撐。

　　湍鴨組成長期的配對關係，透過尖銳的口哨聲（雄鳥）或喉音的嘎嘎聲（雌鳥）進行溝通。求偶時，雄鳥會展示跳躍、濺水以競爭配偶。一旦配對關係確立，雙方會在水域附近築巢，通常會用乾草和羽絨作為材料，構築在突出的岩石之間的隱蔽岩縫中；每窩三或四顆蛋需時 43 ～ 44 天孵化，是所有鴨類中最長的孵化期之一，而且雄鳥會積極參與孵蛋和撫育幼雛。

　　這些小湍鴨一旦破殼，就展開了牠們的冒險運動生活，通常以一個頭朝前的跳躍開始，直接跳進巢穴下方的急流中。雖然在剛開始的日子裡，父母必須竭力確保這些毛絨絨的條紋小球不會被沖走，消失在下游；但無愧於血統，牠們總是能毫髮無傷地再次浮出水面。

劍喙蜂鳥 | Sword-billed Hummingbird

Ensifera ensifera

　　厄瓜多得天獨厚擁有約 135 種蜂鳥，佔據了這個國家驚人的鳥類名冊的 8.5%，包括各種寶石般的飛羽，如點斑冠蜂鳥（spangled coquette）、皇輝蜂鳥（empress brilliant）和虹彩星額蜂鳥（rainbow starfrontlet），這種多樣性著實令人目眩神迷。相較於這些美麗的蜂鳥，劍喙蜂鳥的綠色和褐色羽毛顯得相對樸素，但在色彩上的不足，卻在其鳥喙上加倍補償。

　　以比例上來說，本種擁有的喙是世界上所有鳥類中最長的；牠們的喙長達 12cm，比起劍，更像是中世紀馬上槍術比武用的長矛；也是唯一一種鳥類，其鳥喙長度超過其擁有者總長度一半以上。休息時，這種可憐的鳥必須使鳥喙抬高保持近乎垂直的角度，以防止自己失去平衡。梳理羽毛時，牠必須使用腳來進行。

　　當然，這個不可思議的器官並不是僅僅為了讓它的主人感到不便而演化出來的，而是一個用來刺探花朵採蜜的特化工具。每種蜂鳥都有一個適應於特定花朵的鳥喙：有些短而銳利，有些長而彎曲。劍喙蜂鳥非比尋常的鳥喙長度讓它能夠深入花冠最長的花，顯而易見的例子包括其他所有物種都無法觸及的長冠西番蓮（*Passiflora mixta*）的花蜜。

　　和所有蜂鳥一樣，本種進食時會在其食草前的半空中盤旋，並以不斷重複的順序訪問相同的花朵，因而有助於確保植物的交互授粉。呼呼作響的翅膀使其保持穩定，同時鳥喙伸向垂掛的花瓣，可伸縮的帶溝槽舌頭在喙尖外進進出出，舔食其他蜂鳥無法觸及的花蜜。

　　所有蜂鳥物種都過著一種高耗能的生活，劍喙蜂鳥也不例外。為了產生拍動翅膀所需的能量，牠們的新陳代謝速率比其他所有脊椎動物都要快，某些物種的心率測量值超過每分鐘 1,200 次。為了存活，牠們每天必須攝取超過自己體重的花蜜，這代表需要訪問上百朵花；牠們隨時都在餓死的邊緣，而且牠們儲存的能量只足以活過一個晚上（當牠們進入蟄伏狀態時，心率和呼吸會急劇減緩）。

本種的雌性有著白色的腹部，可與雄性區分開來。與其他蜂鳥相同，肩負大部分繁殖重任的雌鳥用苔蘚和葉子打造的工整的杯狀鳥巢，使用蜘蛛絲將材料綁在一起（也使得鳥巢能隨著幼鳥成長而擴展），並固定在樹枝上。當她的兩顆蛋孵化出來時，她會利用反芻把小型節肢動物和花蜜餵給雛鳥張開的嘴。

　　劍喙蜂鳥棲息在海拔 1,700 ～ 3,500m 溫帶地區的山地雲霧森林中。在厄瓜多以外，牠的分佈範圍南至玻利維亞，北至委內瑞拉；其蜜源植物大量生長的地方最容易被發現，例如在森林邊緣和空地。目前族群量呈現穩定，被 IUCN 列為無危（LC），但森林砍伐和氣候變遷仍然是潛在的威脅。

哥倫比亞

跳舞蟻鶇 | Tororoi Bailador

Grallaricula sp.

　　哥倫比亞擁有比其他任何國家更高的鳥類多樣性，其總數有 1,958 種（最近一次統計），幾乎占據了地球總數的五分之一。考量到有著諸多選擇，包括華麗的巨嘴鳥、咬鵑以及其他美麗的鳥，為什麼要單獨挑選這種灰撲撲的小怪鳥呢？在撰寫本書時，牠甚至還沒有正式的學名。Tororoi bailador 翻譯為「跳舞的蟻鶇」，而缺乏正式的學名正是這種鳥類的特別之處：這種鳥直到 2019 年才被確認，因此還沒有名稱。這種迷你的森林居民於 2017 年在哥倫比亞西南部的洛斯法拉隆內斯德卡利國家公園（Los Farallones de Cali National Park）被發現，最初被認為是迄今未知的一個秘魯蟻鶇（*Grallaricula peruviana*）族群。然而在 2019 年 10 月，DNA 研究確認其為一個新的物種，以前從未被科學描述過，成為哥倫比亞富饒的鳥類目錄中的最新成員。

　　蟻鶇（antpitta）屬於蟻鶇科（Grallariidae），是新熱帶界 [21] 獨有的小型雀鳥。大多數是專門的螞蟻獵食者，生活在陰暗、潮濕的森林地面，像鶇一樣跳來跳去尋找主食。牠們有短尾、長腿並且身形挺直，鶇（pitta）這個名字取自相似的舊世界的八色鶇科（Pittidae）鳥類，但顏色單調許多，主要呈現柔和的褐色和赭色。跳舞蟻鶇僅有 8cm 的身長，是最小的蟻鶇之一，名字來自在低處樹枝上下擺動、旋轉的表演。牠們生性害羞而具有良好的保護色，除非纖細的哨音出賣牠的位置，否則很難發現。然而，如果仔細觀察，就會發現牠的胸部有著細緻的黑色圖案，臉上有白色的斑紋。牠在樹上築巢，雌鳥會產下一窩一到六顆的蛋。

　　我們對於跳舞蟻鶇的認識仍處於初步階段。卡利市的伊瑟西大學（ICESI University）的科學家們正在進行相關研究，期待著完整的科學論文。科學家們可以進一步調查其自然史和分布範圍，與此同時，這種嬌小的鳥的發現，提醒我們一個重要的事實：亞馬遜盆地廣大的森林還有很多祕密等待被揭開，如果不保護好森林的話，我們可能永遠無法發現這些祕密是什麼。

21　新熱帶界：組成地球陸地表面的八個生物地理分布區之一。涵蓋整個南美大陸、墨西哥低地及中美洲。

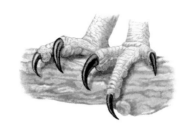

巴拿馬

角鵰 | Harpy Eagle

Harpia harpyja

　　一棵搖曳的號角樹是巴拿馬的達連國家公園樹梢中剛爆發血腥事件的唯一證據。那隻樹懶甚至在離開樹枝之前就已經死了，毫無掙扎的跡象，頭顱在撞擊中被擊碎。現在，兇手飛回到距離 3km 外的一棵吉貝木棉的巢中，毫無生氣的受害者懸掛在牠巨大的腳爪上。

　　在希臘神話中，哈比（harpy）是擁有女人臉孔和鷹身的精靈，她們將亡者運送到黑帝斯（Hades）掌管的冥府。如今，身負她們名字的鷹是美洲最大的鷹，也是新熱帶界樹冠的頂級掠食者，佔據了等同於美洲獅在森林底層的生態棲位。在全球的老鷹中，牠的平均體重為 6～7kg，僅次虎頭海鵰（見第 80 頁），而牠的爪子是所有猛禽中最令人畏懼的，後趾沿曲線測量有 13cm，比老虎的爪子還長，握力比人手的八倍還要強。這樣的武裝，搭載在與人手腕一樣粗的腿上，使牠能夠捕殺與自己一樣重的獵物，並將其一路帶回巢穴──如果不是帶到冥府的話。

　　角鵰棲息於濃密的低地熱帶雨林。牠慣用的獵食策略是守株待兔，高高地停棲在一棵突出的樹上，掃視周圍的樹冠，然後飛起來襲擊牠所鎖定的任何獵物，從樹懶、猴子、食蟻獸和鬣蜥都在獵食範圍內。其條紋明顯的翅膀形狀較圓，且相對於生活在開闊地區的鷹比例上較短，讓牠在樹枝間更靈活。強大的聽力也是至關重要的；這種鷹能夠將其面部周圍的柔軟灰色羽毛豎立成一個圓盤，就像貓頭鷹一樣，藉此將聲音引導至耳朵方向並放大。

　　角鵰終生成對。一對角鵰會使用同一個巢許多年，巢通常是一個由樹枝構成的大平台，高懸在如吉貝木棉或巴西堅果樹等巨大熱帶硬木的樹杈處。牠們每二到三年養育一隻幼鳥，雌鳥一般會產下兩顆蛋，但除非第一顆蛋死亡，第二顆蛋通常會被忽視而無法孵化。孵蛋大約需要 56 天，主要是雌鳥的工作，雄鳥則在狩獵之間偶爾兼職。雛鳥約在六個月左右離巢，父母繼續為牠提供約六到十個月的食物，要到五年後年輕的角鵰才達到繁殖成熟。

　　如今，IUCN 將角鵰列為近危（NT）物種，其歷史分布範圍大部分因伐木、勘探和牧場開發而喪失。亞馬遜盆地之外，只有巴拿馬仍有一個可存活的角鵰族群，主要集中在哥倫比亞邊境沿線的達連隘口的野生森林。在這

裡，保育工作得益於原住民恩貝拉・沃內安族（Emberá-Wounaan）社群的祖傳知識，他們長期以來一直崇拜角鵰，他們的薩滿在治療儀式中使用編織成鳥臉的面具（見下頁）。2000～2006 年的一項調查中，在研究區域內記錄到 25 個繁殖對，同時還發現每對鳥使用的繁殖領域平均較其他地區記錄的更小——這種不同尋常的密度，科學家不僅將其歸因於棲息地的品質，還有角鵰在原住民社區中的地位。

最終，角鵰是一種指標物種，在其 2m 翼展的象徵性大傘下，涵蓋的是森林及其所有居民的命運，包括人類。在分布範圍內，只要角鵰消失了，那就代表森林也消失了。在 2002 年 4 月，這種壯麗的猛禽被宣布為巴拿馬的國鳥，現在的挑戰是確保這種鳥類能夠存活，就像牠的象徵一樣長久。

委內瑞拉
油鴟 | Oilbird
Steatornis caripensis

瓜查羅洞（Guácharo Cave）擁有 10km 長的地下隔間和石灰岩洞室，於 1977 年被指定為委內瑞拉的第一個國家紀念區，似乎是合適的選擇。然而，對於鳥類學家來說，莫納加斯州北部的這個地標與其說是因為地質而聞名，不如說是因為以這種鳥命名讓它聲名大噪。

瓜查羅是當地對油鴟的稱呼，這是一種奇特的夜行性物種，數千隻鳥棲息在這個洞穴中。德國探險家亞歷山大·馮·洪堡（Alexander von Humboldt）在 1799 年探訪此地，並首次對這種鳥進行科學描述。在他給予的學名中，*caripensis* 來自最近的城鎮卡里佩（Caripe），而 *Steatornis* 的意思是「肥胖的鳥」，指的是胖嘟嘟的雛鳥，曾經被採收用來提煉脂肪——也正是這些幼鳥解釋了牠的英文名「oilbird」。在附近的千里達島上，這種鳥被稱為 diablotin，意思是「小惡魔」，指的是牠尖叫似的鳴聲據說會讓人聯想到被酷刑拷打。

無論名字為何，這都是一種很不尋常的鳥類。牠的體型大致與烏鴉相近，並擁有大眼睛、長尾巴和帶有白色斑點的褐色羽毛等相似於夜鷹的特徵，因此科學家迅速將其歸類為夜鷹目（Caprimulgiformes）。然而，牠的體型較大且具有鉤狀的喙，再加上一些獨有的特徵足以使其成為自己家族的唯一成員，即油鴟科（Steatornithidae）。

油鴟白天棲息在洞穴中，夜晚則在森林中覓食。牠們藉由一些驚人的適應來應對這項挑戰，牠們的大瞳孔是所有鳥類中最對光敏感的，數以百萬計的微小棒狀細胞（光受體細胞）類似於某些深海魚類，以分層的方式排列。此外，油鴟還能像蝙蝠一樣回聲定位，牠們可以發出一串連續的高音，這些聲音撞到牆壁後回彈，藉此在昏暗的棲息洞穴中導航；與蝙蝠不同的是，我們聽得見這些聲音。另外唯一也具備這種能力的鳥類是東南亞穴居的金絲燕（侏金絲燕屬 *Collocalia*）。

油鴟以果實為食的習性在夜行性鳥類中也很獨特，敏銳的嗅覺能幫助牠嗅出成熟的無花果和棕櫚果，這在鳥類中也並不尋常。牠利用長翅膀在樹冠周圍盤旋，以及鳥喙周圍的嘴裂剛毛（類似鬍子的細羽毛）作為感知器，以

便在飛行中摘取這些食物。有些個體可在一個晚上覓食超過 100km，而油鴟的糞便在某些植物的傳播中發揮了重要作用。

油鴟是一夫一妻制，並在大型群落中共同繁殖，每對鳥在岩石突出上的糞便巢中產下二到四顆蛋。成鳥以果肉餵養雛鳥，這種蛋白質不足的飲食對於小鳥來說很少見，但油鴟寶寶消化食物非常緩慢，所以牠們可以榨取每一滴營養素，包括 80％ 的脂肪。因此，牠們長得非常巨大，體重可達 600g，比父母大了約 50％。當地原住民懂得利用這個資源，他們曾經採集年幼的油鴟，煮沸牠們的身體以提煉脂肪，製成火炬用的油。

除了委內瑞拉和千里達之外，油鴟在南美洲北部合適的棲地中也有分布，包括哥倫比亞、秘魯、玻利維亞、厄瓜多和蓋亞那。牠們偏愛有豐富洞穴的森林區域，也會在溝壑和峽谷中繁殖，並可能在樹上棲息。如今，油鴟不再被採集，被 IUCN 列為無危（LC）物種，然而對其繁殖洞穴的干擾已經導致某些地區的油鴟數量減少。

千里達
美洲紅䴉 | Scarlet Ibis
Eudocimus ruber

　　沒有鳥兒像猩紅色的美洲紅䴉一樣紅。一群紅䴉在千里達的卡羅尼沼澤（Caroni Swamp）中起飛，在蒽鬱背景的襯托下就像是潑灑在綠寶石畫布上的朱漆。這些鳥兒停棲在紅樹林中，猶如聖誕樹上閃亮發光的裝飾品。這種顏色是如此鮮豔、猩紅、而不加掩飾，一定是合成的。

　　然而，美洲紅䴉張狂的色彩當然是完全天然的，就像紅鸛的顏色一樣，是由其飲食中的類胡蘿蔔素色素產生的。這種長腿涉禽以小螃蟹和其他小型甲殼類為食，用其長而下彎的喙在熱帶沼澤和海岸的泥濘邊緣尋找食物，這裡也是牠們的家園所在。除了黑色的翅尖，鮮豔的色彩覆蓋了鳥的全身；亞成鳥是灰色、褐色和白色的混合體，紅色逐漸在一次次的換羽中增加及強化，直到兩歲時，牠們就會展現出完整的猩紅光輝。

　　美洲紅䴉的繁殖範圍從南美洲北部的海岸線延伸，從哥倫比亞往東到巴西。但或許最為人熟知的地方是千里達，牠們在這裡是國鳥，並出現在千里達及多巴哥的國徽上，與多巴哥的棕臀稚冠雉（*cocrico* ／ rufous-vented chachalaca）並肩，紅䴉在這裡組成了規模龐大的繁殖群落，數量達到上千隻，成為了一個重要的旅遊景點。

　　但是美洲紅䴉真的是一個獨立的物種嗎？一些分類學家主張，這種鳥只是美洲白䴉（*E. albus*）的一種顏色變異。確實，這兩種鳥在除了色素以外的所有方面都是相同的，在某些地區，比如委內瑞拉的亞諾斯濕地，牠們甚至會雜交，混合的配對會產生淡橙色的後代。然而，總體而言，這兩種鳥類仍然保持著各自獨立的繁殖群體。

　　無論在分類學上的真相為何，美洲紅䴉的鮮豔色彩曾經在千里達引起了錯誤的關注，這種鳥在傳統上被視為壯陽藥和美味佳餚——據說最好是以辣咖哩烹製。獵人會在紅樹林裡揮舞紅色的布條，誘使鳥兒進入射程。如今，紅䴉被視為「環境敏感物種」，受到特別保護，盜獵者將面臨高額罰款、監禁以及屠殺國家象徵的恥辱。紅䴉的數量已經恢復，僅是卡羅尼沼澤的族群數量據估計就達到 3 萬隻。

阿根廷

棕灶鳥 | Rufous Hornero

Furnarius rufus

　　有些鳥巢因其大小而受到讚賞；有些則以錯綜複雜著稱，而棕灶鳥的巢主打的是堅固。這種小巧、外觀相對樸素的鳴禽，會使用泥巴建造有著厚實牆壁的黏土圓頂屋；鳥巢在陽光下烤硬後，如同一個迷你的柴火窯烤爐，可以留存好幾年。事實上，這種鳥的名字取自「horno」，西班牙文中是烤爐的意思，同時在英語中也被稱為紅烤爐鳥（red ovenbird）。

　　棕灶鳥的巢，無論是使用中或是被遺棄的，都是在南美洲中部的草原和牧場上很常見的景象，從巴西南部到巴塔哥尼亞北部都可以看到。這個物種與人類共居，積極地得益於人類對環境的改變；如今牠經常在農地和聚落附近築巢，通常在籬笆柱上、外屋或低矮樹枝上。

　　棕灶鳥是一夫一妻制的，通常終身成對。一對鳥傾向於每年建造一個新巢，通常會蓋在前一年的巢旁邊甚至上面。求偶和領域展示包括一場熱烈的二重唱，伴侶雙方發出響亮顫抖的叫聲，同時以同步的節奏拍動翅膀。一隻鳥會停在巢頂，口中啣著泥巴指向天空，另一隻則站在巢的入口。在繁殖季節初，築巢可能僅需五天，但是一整年都會持續進行修改和維修。完成的結構最寬可達 30cm，高 25cm，牆厚 3 ～ 5cm；在內部，一道泥巴隔板將入口與巢室分隔開來，後方可能還有一個附加的入口。

　　雌棕灶鳥每次會產下二到四顆蛋，孵化時間為 14 ～ 18 天。雙親共同分擔孵蛋和餵養雛鳥的工作，圓頂堡壘厚實的牆提供了極佳的隔絕效果，使牠們能有更多時間在外面尋找食物。牠們也會積極抵抗領域競爭對手和蛇之類的威脅，雖然一個無人看守的巢可能會成為紫輝牛鸝（shiny cowbird, *Molothrus bonariensis*）的目標，這種巢寄生的鳥會偷溜進來，將自己的蛋添加到窩中。雛鳥在 23 ～ 26 天後離巢，並可能會留在父母身邊，在下一年協助建造新巢。

　　離開巢穴，這似乎是一種不起眼的小鳥。牠們體型如棕鳥，擁有豐富的褐色上半身和淺色喉嚨，主要在地面上覓食，並使用其銳利而略彎曲的喙捕捉昆蟲、蜘蛛和其他小型節肢動物。牠屬於大型的灶鳥科（Furnariidae），原生於中南美洲，不應與北美的橙頂灶鶯（*Seiurus aurocapilla*）混淆，後

者是林鶯科（Parulidae）的一種候鳥，其鳥巢形狀也像烤爐，但是是用植物編織而成。

　　如今，棕灶鶯被列為無危（LC）物種，在其分布範圍內數量豐富。也許是鳥巢所象徵的家庭美德以及與人類密切的關係，使牠成為家園周圍受歡迎的角色，這解釋了為什麼阿根廷和烏拉圭都選擇牠作為國鳥。

緬甸
泰國八色鶇 | Gurney's Pitta
Hydrornis gurneyi

　　泰國八色鶇目前正在享受重獲的新生。在過去的 33 年裡，這種生活在潮濕熱帶森林地面上的精緻小鳴禽被認為已經滅絕，牠曾在泰國廣泛分布，但自 1952 年以來再也沒有被記錄過。然後在 1986 年一項全國性調查中，在該國的五個新地點重新發現了這個物種。萬歲！鳥類學家們歡欣鼓舞地瘋狂慶祝。

　　很遺憾地，這場慶祝並未持續太久。到了 1997 年，森林砍伐摧毀牠們所有棲地，只有一處例外，保育人士認為泰國八色鶇只剩九對鳥留存，自此宣告牠們是世界上最稀有的鳥類，所以牠們再次走向滅絕之路。直到 2003 年，在鄰近的緬甸南部地區的德林達依發現了牠的蹤跡，而且狀態良好。對其他地方類似棲息地的推論，得出了更樂觀的估計結果——全球有超過 5,000 對。保育工作者得以鬆一口氣。

　　你也許會好奇，這種擁有烏黑和檸檬黃羽毛，配以電光藍的頭冠和尾巴的五彩繽紛小鳥，如何在這麼長一段時間不被發現。像牠所有的同類一樣，泰國八色鶇是一種害羞的潛伏者，消失在森林地面的陰影中，牠在那裡尋找蚯蚓及其他小型無脊椎動物作為獵物。只有藉由播放簡單的領地叫聲的錄音，研究人員才能引誘鳥類回應，並且追蹤牠們的下落。

　　泰國八色鶇是 42 種八色鶇的其中之一，牠的名字來自約翰‧亨利‧葛尼（John Henry Gurney, 1819～1890），一位英國政治家和業餘鳥類學家。八色鶇科（Pittidae）屬於雀形目，分布侷限在非洲、亞洲和澳洲的熱帶森林棲地中。本種憑藉其燦爛的羽毛和長腿挺立的站姿——這種姿勢是為了在森林地面覓食的適應——體現了家族的暱稱「寶石鶇」。牠們是一夫一妻制，在低矮的植被中建造大型的圓頂巢，雌鳥產卵最多可達六顆。

　　不幸的是，泰國八色鶇面臨的挑戰還沒有結束。像其他八色鶇一樣，本種也曾經成為籠中鳥貿易的目標；事實上，非法貿易商提供的資訊甚至幫助了人們在泰國重新發現這種鳥。現在，主要的威脅是森林砍伐，自從在緬甸重新發現泰國八色鶇以來，這種鳥的大部分棲息地已經被油棕和檳榔取代種植，據估計，數量已經下降了多達 70% 的程度，德林達依地區的內亂也並

未對此現象有所幫助。

　　如今，IUCN 將泰國八色鶇列為極危（CR）物種。保育人士正在努力強化其僅剩的藏身地，這些地方也為其他受威脅的動物提供了重要的庇護所，包括馬來穿山甲（*Manis javanica*）和馬來貘（*Tapirus indicus*）。保護這種物種並不容易，需要在茂密的森林中徒步艱苦跋涉才能找到這些鳥類，有時還需要幫牠們安裝微小的 GPS 發射器以監測牠們的移動。原住民克倫族的支持可能對該物種的存續至關重要，這個社群也在爭取對其祖傳土地的自治權。

印尼
盔犀鳥 | Helmeted Hornbill
Rhinoplax vigil

　　這種叫聲聽起來更像是猿類而非鳥類，起初，僅是從樹冠中小心翼翼地傳出柔軟、零星的呼嘯聲，然後逐漸增強，呼嘯聲開始提高速度、節奏和音量，逐漸佔據了整個森林的聲景。最後，一陣爆裂的咯咯叫聲響徹樹梢，彷彿在嘲笑聽者。

　　葉子間的一個窗口可以瞥見噪音背後這種驚人的鳥——盔犀鳥是世界上最長的犀鳥，重量僅次於非洲的地犀鳥（ground hornbill, *Bucorvus*），體長可達 1.7m，包括 50cm 長的中央尾羽。牠還擁有一個非比尋常的頭部，喉部裸露著皺褶的紅色皮膚（雌鳥為綠松石色），以及一個巨大的亮紅色和黃色的喙，上面有一個威風的角蛋白結構「盔」。

　　毫不意外地，這種極具魅力的鳥類讓與其共享森林的居民產生深刻印象。對於婆羅洲的原住民普南巴族來說，這種鳥是生與死之間的河流的守護者。也有比較輕鬆一點的，當地的民間傳說講述了盔犀鳥的叫聲如何模仿了一個不滿的年輕人砍倒他岳母的房子，有節奏的呼嘯聲就像是他的斧頭砍在高腳屋腳的聲音，而狂躁的笑聲則是當房子滑下河岸並漂向下游時年輕人的歡呼聲。

　　令人悲傷的是，盔犀鳥族群正在迅速消失，可能無法像牠所啟發的民間傳說那樣延續下去——因為牠的鳥喙與盔。大多數犀鳥的盔是空心的，用來放大響亮的領域叫聲；然而盔犀鳥的盔是實心的角蛋白構成，而且鳥喙和盔一起佔了鳥體重的 10%。雄鳥使用這種武器在空中比武，爭奪頂級樹冠豪宅的使用權，牠們盔互相碰撞的聲音 100m 外也能聽到。

　　不幸的是，盔犀鳥實心的盔是雕刻的理想材料，用來製作裝飾品。數個世紀以來，人們一直為了牠的「犀鳥象牙」而捕獵這個物種；然而在近幾十年中，中國市場讓這個現象火上加油，單一個盔要價高達 1,000 美元，曾經一度小規模、可永續的捕獵已經變成了大規模的商業性屠殺——據估計，在 2012 ～ 2013 年間有 6000 隻盔犀鳥被殺死，牠們的盔與穿山甲的鱗片、老虎牙齒和其他非法野生動物產品一起被走私。屠殺的規模使保育當局感到意外，2015 年，這種鳥的保育狀態由近危（NT）升級成極危（CR），一夜之

間躍升兩個階層。

　　盔犀鳥僅在偏遠的原始森林繁殖，選擇大型老樹築巢。牠們會進行盔犀鳥特有的奇怪繁殖儀式，過程中雌鳥用泥巴、果實和排泄物封住巢穴洞口，將自己關在裡面，僅留下一個微小的縫隙供雄鳥餵食。雌鳥整個孵化期間都被囚禁在巢穴內，期間完成一次完整的換羽，只有當雛鳥長得太大容不下巢穴時，雌鳥才會破門而出。正是這段期間，雌鳥和雛鳥被困在巢穴內，雄鳥持續在一旁守候，容易使牠們成為目標。

　　盔犀鳥的自然分布範圍從印尼延伸到馬來半島，在印尼主要限於婆羅洲和蘇門答臘。然而，如今盔犀鳥的數量在所有地方都急遽下降，甚至在一些地區已經滅絕，例如曾經數量豐富的新加坡。2018 年，國際鳥盟（BirdLife International）啟動了一項全球救援計畫，目的是終止非法貿易，並且保護鳥類殘存的棲息地免受油棕種植園的無情擴張。巡山員現在在主要棲息地的森林小徑巡邏，並在合適的樹洞短缺的情況下為盔犀鳥提供特殊的巢箱。牠們可能會對這些努力爆出狂躁的笑聲，若是這樣，那一定是個好兆頭。

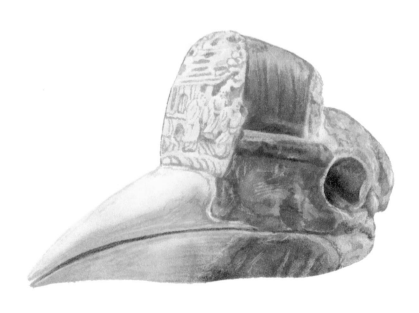

斯里蘭卡藍鵲 | Sri Lanka Blue Magpie

Urocissa ornata

　　鵲鳥有著許多種面貌。這個屬於鵲鴝中的藍鵲屬（*Urocissa*）的種類，在輪廓上與歐洲和北美洲的黑白喜鵲並沒有太大區別，擁有長尾巴、厚實的嘴巴，和大膽、跳躍的姿態；然而一旦加入顏色的元素，相似之處就消失了。他的羽毛是華麗的色彩組合，結合了令人眼花繚亂的藍色和豐富的栗色，並由猩紅色的喙、腿部、眼圈，以及尾巴下方時髦的白色扇形作為對比。簡而言之，這是一個令人驚艷的美麗鳥種。

　　斯里蘭卡藍鵲是斯里蘭卡的特有種，在僧伽羅語中被稱為「*kehibella*」，牠們已成為該島獨特野生動物的流行象徵之一，形象出現在郵票和其他文化藝術品上。這種鳥的家園位於多山的南部森林，雖然需要未受干擾的森林進行繁殖，避開了人類聚落，但似乎會被棲息地中遇到的人類吸引，在索取食物時展現出鴉科鳥類一貫的好奇心。

　　和大多數的鵲鳥一樣，本種是雜食性的，以昆蟲、青蛙、果實和其他鳥類的蛋為食。小型的群體在森林地面和樹冠中層覓食，利用強壯的腳翻動落葉堆，並且表演雜技般地攀附在樹枝下。這些覓食的群體非常吵鬧，科學家已經辨識出至少 13 種常見的鳴叫，從喀嗒聲、啾啾聲到模仿其他物種的聲音，牠們甚至可能模仿大冠鷲（crested serpent eagle, *Spilornis cheela*）等猛禽的叫聲來圍攻牠們，藉此向其他共享同一片森林的鳥類發出警報。

　　斯里蘭卡藍鵲組成一夫一妻的配偶關係，並在高大而細長的樹上建造整潔的杯狀鳥巢。雌鳥會產下三到五顆蛋，並負責孵化。她的伴侶則加入協助餵養雛鳥，通常在這項任務中，親鳥會得到前一年生下的幼鳥的幫助。這種策略，即年輕一代推遲自己的繁殖目標以協助父母，被稱為合作繁殖，這解釋了為何經常看到這種藍鵲以六七隻鳥的小群體在覓食。

　　如今，斯里蘭卡藍鵲被列為易危（VU）物種，估計族群數量約為 10,000 至 19,000 隻個體（2006 年），面臨著原生森林破壞的風險。由於這樣的環境壓力不太可能減輕，這種伶俐的鳥類將需要運用其種族的所有智謀來適應未來可能面臨的種種挑戰。

紅原雞 | Red Junglefowl

Gallus gallus

　　家雞，宏觀來說，是世界上為數最眾多的鳥種，截至 2018 年，其總數估計達 237 億隻，即每個人類有三隻雞。以達爾文的術語來說，這可能代表了雞的物種——紅原雞的演化大成功。但考慮到這種勝利是由人類所操縱的，而且大多數雞的族群都在悲慘的監禁中受苦，所以這無疑是一場付出慘痛代價的勝利。

　　無論如何，家雞在全球的增殖對其野生祖先紅原雞而言影響甚微。這種帥氣的雞原生於南亞的森林，如果不是因為我們熟悉農場裡的家禽後代，紅原雞可能會吸引更多的讚美。雄鳥像是海報上會出現的公雞形象：身披令人驚艷的紅色、橙色和金屬綠色，擁有金色頸羽組成的披肩和陽光下閃爍著紫色的黑色尾羽。雌雄都擁有紅色的肉垂和雞冠，但這些在雄鳥身上更為突出。雄鳥體重為 1 ～ 1.5kg，比雌鳥大，但仍不及一般超市裡的雞。

　　考古學和基因研究揭示了至少在 8,000 年前，紅原雞可能在今日的泰國地區附近就被馴化了，之後類似的情況擴及到整個南亞地區。到了 5,000 年前，這種鳥已經抵達南太平洋；到了 3,000 年前，抵達歐洲；而到了 1,000 年前，則抵達美洲。然而，直到希臘時期（西元前 400 ～ 200 年），這種鳥才被飼養用於食用肉和蛋，在那之前，牠的主要角色是進行殘酷的鬥雞運動提供娛樂和獎金，雄雞們被安排使用致命的雞足距進行對戰。

　　家雞被歸類為 *G. g. domesticus*，是紅原雞的一個亞種，有 71 ～ 79% 的 DNA 是相同的。基因組定序揭露了其基因混合中其他野外祖先的特徵：例如黃色的皮膚是繼承自印度的灰原雞（grey junglefowl, *G. sonneratii*）。隨後的人工飼養已經培育出許多五花八門的品種，從羅德島紅雞到澤西巨雞，但全部都源自相同的祖先血統。

　　與此同時，紅原雞作為野生鳥類，分布範圍從印度次大陸穿過東南亞到菲律賓。牠在森林邊緣覓食種子，尤其是竹子的種子，以及小型無脊椎動物，並對人類保持距離。儘管牠一生中大部分在地面活動，強壯的腿讓牠能夠迅速溜進灌木叢，但在受到壓力時，牠也會飛起，並習慣性地棲息在樹

上。群體中存在著類似於任何雞舍的「啄序」[22]，在繁殖季節，主導的雄雞類似作為鬧鐘的農場公雞，用啼叫聲喚醒森林。雄性用殷勤的咯咯聲和贈送食物來追求雌性，這種展示稱為「啣咬獻寶」（tidbitting）。紅原雞每年最多產下 18 顆蛋，雛鳥在四至五週時離巢，並在五個月時達到性成熟。

　　很難量化謙卑的雞對人類文化所產生的巨大影響，從印度教的火葬儀式到麥克雞塊。單單在英國每天就消耗約 3400 萬顆蛋，幾乎世界上每個村莊，從北極到亞馬遜，都至少有幾隻這樣的鳥在後院扒土。然而，我們很容易忘記這個普遍的動物資源起源於一種美麗的野生鳥類，在其世代演化的黑暗森林中，完美適應了戰鬥、覓食及展示其華麗的羽衣。

22　雞舍中雞用「啄序」來維持社會階級，最高層的雞可以隨意啄其他的母雞、選擇自己的棲息位置等，往下的階級以此類推決定。

印度

大盤尾 | Greater Racket-tailed Drongo

Dicrurus paradiseus

　　對大多數澳洲人而言，「drongo」意味著「白癡」，這是一個始於 1920 年代親昵的侮辱，據説是因為一匹叫這個名字的賽馬輸掉了所有比賽。然而，觀察一隻真正的卷尾（drongo），你可能會質疑這個形容的恰當性。這種警覺、聰明的鳥有一種不可思議的能力，可以操控其他物種來滿足自己的目的。事實上，如果一隻卷尾參加比賽，你會猜測牠可能會説服競爭對手朝反方向跑來贏得比賽。

　　大盤尾可説是全球 29 種卷尾科（Dicruridae）鳥類中最引人注目的一種。牠有 13 個不同的地理亞種，分布範圍從印度次大陸，向東最遠延伸至婆羅洲。大盤尾的體型與椋鳥相當，全身是黑色羽毛，在陽光下閃爍著金屬光澤；搭配從鳥喙基部上向後彎曲的冠羽，以及兩根華美的尾上覆羽，末端帶有「球拍」樣子的簇狀羽毛，正是牠得名的原因。飛行時，這些拖曳的旗幟在幾乎看不見的線上抖動，就像是兩隻憤怒的大型黑蜜蜂在牠身後互相追逐。厚實、末端帶鉤的喙和鋭利的紅褐色眼睛使牠的臉部呈現出一種略帶貪婪的表情。

　　像所有的卷尾一樣，大盤尾是一種喧鬧、活躍且顯眼的鳥類，通常停棲在高處，靠近森林邊緣的明顯位置。牠從黎明到黃昏發出各種叫聲，包括喀嗒聲、哨聲以及各種金屬音和鼻音。事實上，在印度的一些地區，牠挺拔的儀態和尖銳的哨聲使其獲得了俗名「kothwal」，意思是守衛或警察。

　　這種歌曲庫還包括模仿其他鳥類的聲音，然而與大多數鳥類的模仿者不同的是，大盤尾不僅僅是借用其他聲音來增進自己的發聲方式，更會藉此主動誤導聲音真正的主人。例如：當一群小鳥聚集在食物豐富的地點時，大盤尾會跟隨在後，模仿牠們的叫聲以吸引更多的成員加入群體，從而受益於其他鳥類的勞動，因為那些鳥會翻出牠能吃的食物；大盤尾甚至會模仿猛禽的叫聲，例如褐耳鷹（shikra, *Accipiter badius*），將其他鳥類嚇得四處逃竄，然後趁機俯衝下去奪取戰利品。

　　大盤尾的飲食範圍從昆蟲到水果和花蜜，牠會激烈地保衛自己的食物來源，向較大的鳥類俯衝以驅趕牠們，並且可能將這種攻擊行為用於像啄木鳥

這樣的鳥類，以劫掠牠們的食物。同樣地，牠也經常會跟隨猴子等較大的動物，以利用牠們覓食剩下的食物。

　　大盤尾通常以一夫一妻的形式呈現在人們眼前，但牠們也可能組成小型、鬆散的群體。在繁殖季節，雄鳥進行特技般的求偶展示，在樹枝上跳躍加旋轉，並飛起來將物體扔下，然後在半空中接住，尾巴上的「球拍」在鳥類扭動時發出可聽見的嗡嗡聲。雌鳥在樹杈中的杯狀巢裡產下三到四顆蛋，幼鳥可能會留在父母身邊一季，協助養育下一窩雛鳥，同時學習大盤尾的看家本領。

印度
栗鳶 | Brahminy Kite

Haliastur indus

　　這種鳥的名稱起源不明。在印度的印度教傳統中，婆羅門（brahmin）是祭司和教師，負責主持儀式，並在古代種姓制度中擁有最高的地位。有一種說法基於膚色相關的社會偏見，這種鳥的高尚地位歸功於其白色羽毛的頭部；此一觀點得到了支持，因為牠深色的表親黑鳶（black kite, *Milvus migrans*），傳統上被稱為「賤民鳶」（pariah kite）。

　　無論如何解釋，栗鳶在印度教經典和神話中被譽為迦樓羅（Garuda）的現代象徵，迦樓羅是毗濕奴神（Vishnu）的神聖坐騎，傳統上被描繪為擁有紅色或金色翅膀和鷹喙的形象，這些都是這種猛禽的可識別特徵。在坦米爾語中，這種鳥被稱為 *Krishna parunthu*，而克里希納（Krishna）也是毗濕奴的一個化身。這種文化上的重要性還延伸到更東方：對砂拉越的拉讓江上游的伊班族而言，栗鳶是終極神祇 Singalang Burong 的具現化；在新加坡，傳統上認為這種鳥的存在能為從建築到戰爭方面的艱難決策提供指引；而在印尼，牠是首都雅加達的吉祥物。

　　考慮到這些輝煌的文化聯繫，這種鳥不太光彩的真相可能會讓人感到失望——牠主要是一種食腐動物，經常從其他物種偷取食物。然而，栗鳶確實是一種帥氣的鳥，非常適合作為標誌，牠有著迷人的紅棕色服裝，出眾的白色頭部和胸部，以及瀟灑的黑色翼尖，這讓牠成為濕地中最耀眼的存在。無論是沿海還是內陸，牠以輕盈的飛行在尋找死魚和螃蟹的同時，每隔一段時間便會俯衝到水面上捕捉獵物。

　　栗鳶在該地區分布範圍很廣，從印度次大陸往東至東南亞，最遠到澳洲。在澳洲，牠也被稱為紅背海鵰（red-backed sea-eagle）。然而，本種比大多數的鷹要小，翼展不超過 1.2m。牠與澳大利亞的嘯栗鳶（*H. sphenurus*）一起組成了栗鳶屬（*Haliastur*），與更典型的鳶屬（*Milvus*）的區別是，這兩種鳶的尾巴是方形而不是叉型的。

　　在印度，栗鳶的繁殖期為 12 月至 4 月。一夫一妻的配對會在樹上築巢（通常是紅樹林），每年都會返回相同的地點。雌鳥會產下兩顆蛋，雛鳥在六週時離巢，但要再過兩年才達到性成熟。幼鳥喜歡嬉戲，經常在半空中扔

下並接住大葉子，成鳥也樂於攻擊更大的猛禽，雖然這可能是自尋死路，因為草原鵰（*Aquila nipalensis*）有時會殺死栗鳶。看來，即使是毗濕奴的神聖使者，也無法總是保證安全無虞。

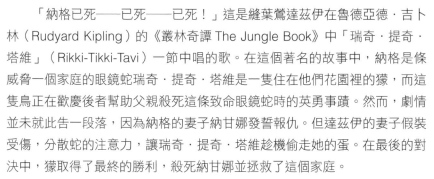

印度
長尾縫葉鶯 | Common Tailorbird
Orthotomus sutorius

　　「納格已死——已死——已死！」這是縫葉鶯達茲伊在魯德亞德‧吉卜林（Rudyard Kipling）的《叢林奇譚 The Jungle Book》中「瑞奇‧提奇‧塔維」（Rikki-Tikki-Tavi）一節中唱的歌。在這個著名的故事中，納格是條威脅一個家庭的眼鏡蛇瑞奇‧提奇‧塔維是一隻住在他們花園裡的獴，而這隻鳥正在歡慶後者幫助父親殺死這條致命眼鏡蛇時的英勇事蹟。然而，劇情並未就此告一段落，因為納格的妻子納甘娜發誓報仇。但達茲伊的妻子假裝受傷，分散蛇的注意力，讓瑞奇‧提奇‧塔維趁機偷走她的蛋。在最後的對決中，獴取得了最終的勝利，殺死納甘娜並拯救了這個家庭。

　　縫葉鶯分布在亞洲南部和東南部的公園、花園和類似的空間中。這種小型鳥類擁有綠色的背部、栗色的頭冠和一條長長的、輕快地翹起的尾巴，牠們以聲音高亢且重複的叫聲引起人們注意，吉卜林在這方面說得沒錯。然而在擬傷方面，他是錯誤的——這種「使人分心的表演」是鴴科鳥類的技巧，而不是縫葉鶯這樣的鶯。

　　長尾縫葉鶯是縫葉鶯屬（*Orthotomus*）13 個相似物種中最廣泛分布的一種，這個群體以共有的精巧築巢技巧而得名。牠們使用纖細的鳥喙在大葉子的邊緣打孔，然後穿過細緻的蜘蛛絲或植物纖維，就像裁縫使用針和線一樣。吉卜林筆下的達茲伊是烏爾都語中「裁縫」的意思，雖然這種鳥的學名 *sutorius* 實際上是指「鞋匠」。

　　事實上，裁縫鳥並不是縫出一連串的針腳，而是將纖維線用作鉚釘，將葉子折疊並鎖緊成搖籃，牠們使用柔軟材料，例如大戟植物的纖維，從中建造一個舒適的巢。在印度，繁殖高峰期在 6 月至 8 月之間，雌鳥產下三顆蛋，孵蛋期為 12 天。雛鳥離巢後，可能會與父母一起棲息，緊密地依偎在一根細枝上。

　　像所有的鶯一樣，縫葉鶯是食蟲動物，在低矮的植物或地面上覓食。牠們經常被吸引到花朵上，雖然牠們也可能吸食一些花蜜，但主要是為了捕捉也被花朵吸引的昆蟲。一旦發現在灌木叢中潛伏的鷹和蛇，縫葉鶯就會迅速發出警報；然而，只有在吉卜林的作品中，牠們才會得到一隻獴的幫助。

束埔寨

赤頸鶴 | Sarus Crane

Antigone antigone

　　想像一下這樣的場景：在柬埔寨湄公河三角洲的翠綠水域荒野中，漁夫們從木製獨木舟上拋網；而女人則在棕櫚屋頂的高腳屋旁，從提籃中篩選稻米。這個畫面彷彿永恆不變，但任何永恆都是一種錯覺——隨著當地人口不斷成長，如今湄公河三角洲受到的壓力與日俱增，六個國家約有 7000 萬人依賴湄公河流域的資源。僅在過去 15 年中，這片富饒的自然濕地有一半左右已經被農業和開發所取代，野生動植物深受其害，其中世界上長得最高的飛行鳥也不例外。

　　赤頸鶴的身高高達 1.8m，羽毛呈現均勻的灰色，點綴著裸露的紅色頭部和上頸，給人獨一無二的深刻印象，尤其是像許多鶴一樣，牠們會在跳躍和鞠躬的求偶展示時，伴隨著發出激昂的號角聲。由於其雜食性飲食包含種子、無脊椎動物和青蛙等小動物，赤頸鶴在傳統南亞農業地景的溝渠和沼澤地中能找到豐富的食物，那裡的運河和稻田為牠們提供了優良的棲息地。

　　在每個雨季浮誇的求偶展示後，牠們之中產生新的一夫一妻終身配偶，並在溼地中選擇一個隱蔽的地點來養育下一代。鳥巢是一個直徑可達 2m、高 1m，由植物堆成的圓形小丘，在那裡，親鳥輪流孵化一或兩顆蛋，平均 31 天後孵化。牠們在保護雛鳥對抗狐狸或烏鴉等天敵時攻擊性強烈，但遊蕩的人類的出現可能會破壞平衡，將繁殖成功轉為失敗。柬埔寨的研究顯示，在沒有保護的情況下，僅有 30% 的繁殖對能夠成功。

　　如今，柬埔寨擁有東南亞最大的赤頸鶴族群，約有 1,000 隻個體。本種曾經在整個地區普遍分布，但 20 世紀末時，數十年的衝突和隨之而來的農業發展讓赤頸鶴蒙受其害。牠現在已經從馬來西亞和菲律賓銷聲匿跡，少量出現在寮國、越南和緬甸。在其他地方，本種存在兩個獨立的亞種：一個在澳洲東北部；另一個亞種在印度，目前擁有世界上大部分的族群。事實上，本種的名字來自於印度，*sarasa* 在梵語中的意思是「湖鳥」。

　　在其分布範圍內，赤頸鶴一直是婚姻忠誠的象徵。在印度，本種被尊為聖鳥，據說如果伴侶死去，牠會日漸憔悴消瘦而死。在柬埔寨，這種受歡迎的形象在物種的保護方面變得重要，自從 2006 年啟動赤頸鶴保育計畫以

來，當地社區已經學會藉由更加永續地管理自然資源，來與赤頸鶴共生。與此同時，當地也雇用保育員保護繁殖對，使一些地區的繁殖成功率提高到驚人的 87%，而遊客寄宿計畫也正在創造旅遊收入。以赤頸鶴為中心，保育人士正在努力保護珍貴濕地的殘存部分，為赤頸鶴創建新的家園，以及為三角洲的所有居民推廣永續的自然環境，包括人類和野生動植物。

馬來西亞
鳳冠孔雀雉
Malayan Peacock-pheasant

Polyplectron malacense

　　雉雞一般來說是最美麗的鳥類之一，孔雀雉也不例外。但儘管許多雉雞賣弄著浮華、簡單粗暴的色彩，這些生活在黑暗森林地面的族群卻擁有更加細緻的調色板。在陰影中，牠們呈現出一種平淡的褐灰色，然而近距離觀察時，表面上的單調透露出裝飾華美的斑點和條紋，以及在上半身和尾巴上灑落著數十個泛著虹光的藍綠色眼斑，在光線下像鏡子一樣閃爍。

　　與所有雉雞一樣，鳳冠孔雀雉只有雄性擁有華麗的羽毛。在求偶時，雄鳥的羽毛展示十分精彩，以孔雀開屏的方式展開尾羽，但將它們側向傾斜，同時垂下一邊的翅膀，使形狀變成一個橢圓形的鏡子盾牌。這種表演不僅可以吸引雌鳥，還可能嚇阻捕食者，尤其是當奇異的視覺效果伴隨著表演者高速振動尾羽發出嚇人的嗡嗡聲，讓牠們不確定自己面對的東西是什麼。作為最後的手段，鳳冠孔雀雉還會利用尖銳的跗蹠骨猛烈踢擊，用以驅逐競爭對手和捕食者。

　　是組成孔雀雉屬（*Polyplectron*）的八個相似物種之一，這種羞怯且難以捉摸的鳥類棲息在低地龍腦香森林中，在地面上覓食種子、果實和小節肢動物。繁殖全年進行，鳥巢是森林地上的一個簡易樹枝巢，保護色良好的雌鳥只會產下一顆蛋，這對於雞來說是非常少的。雌鳥會孵蛋 22 ～ 23 天。幼鳥直到離開親鳥尋找自己的地方後才會獲得成年雄鳥的華服。

　　這種曾經廣泛分布的物種現在被認為僅限於馬來西亞中部，尤其是在受保護區域，例如大漢山國家公園，以及可能在泰國南部還有一小部分殘餘的族群。儘管為了肉食以及羽毛，鳳冠孔雀雉長期以來一直是獵人的目標，但該鳥近期的減少主要是因為森林砍伐；自 1970 年代以來，超過 50%的可用棲息地已經消失。如今，根據估計僅剩下 7,000 隻個體，IUCN 將本種列為易危（VU）。海外的圈養繁殖者現在正在與馬來西亞的保育人士合作進行一個重新引入計畫；在撰寫本書時，一隻雌鳥已經在 25 年內生育了 19 隻雛鳥，為其提供了野外故鄉的新生活。

尼科巴群島

綠簑鴿 | Nicobar Pigeon

Caloenas nicobarica

　　尼科巴群島位於孟加拉灣，是印度的安達曼和尼科巴群島聯邦屬地的一部分，也是世界上最遙遠的前哨基地之一。由於在歷史上與亞洲大陸沒有陸地連結，這片與世隔絕的熱帶地區成為眾多特殊物種的家園。

　　綠簑鴿是一種獨一無二的鴿子，牠的頭部和頸部垂掛著一條被稱為頸羽的金屬綠的羽毛項鍊，在陽光下閃耀著銅色。這是世界上最大的鴿子之一，重達 600g，然而牠曾經小於已知最大的鴿子，那就是重達 15kg 的渡渡鳥（dodo），這種巨大而無法飛行的鳥和綠簑鴿同為印度洋島嶼的居民，原生於模里西斯，直到老鼠和水手們的到來導致了牠的滅亡。科學家們相信綠簑鴿可能是渡渡鳥最接近的現存親戚，這兩種鳥都是始新世時期（5,600萬～ 3,390 萬年前）從其他鳥分裂出來的一條島嶼線演化而來，該線還包括同樣滅絕的羅德里格斯渡渡鳥（Rodrigues solitaire）。

　　跟那些早已消失的表親一樣，綠簑鴿主要是地面覓食者，搜尋森林地面上的種子、果實和穀物，並使用砂囊中的石頭將其磨碎；然而，與牠們不同的是，綠簑鴿完全有能力飛行。實際上，飛行對於綠簑鴿的生活方式是不可或缺的，牠白天在食物豐富的大島上覓食，然後每天晚上撤退至無天敵的小島棲息地。多達 40 隻鳥的群體快速地飛越水面，白色的短尾巴充當「降落燈」，讓牠們能夠在微光的黃昏和黎明時分保持成群。

　　繁殖活動以大規模鬆散的群落進行，離岸小島上亦然。雌鳥在脆弱的樹枝巢中產下單一顆白色蛋，像所有的鴿子一樣，親鳥用被稱為「鴿乳」的反芻半消化的穀物湯餵養牠們的雛鳥。幼鳥沒有父母的白色尾巴，因此得以向成年雄鳥發出信號，表明牠們既不是潛在的對手，也不是交配對象。

　　綠簑鴿的分布範圍從尼科巴群島向東延伸到馬來群島，再到西太平洋的帛琉，甚至有零星的鳥遊蕩到西澳。綠簑鴿數量被認為正在減少，牠們受到棲息地喪失、外來掠食者和捕獵的威脅，尤其是為了牠被當作珍貴珠寶的砂囊石。2004 年毀滅性的印度洋海嘯也造成了損失。如今，IUCN 將其列為近危（NT）物種，或許是考慮到牠著名表親的命運。

菲 律 賓

菲律賓鷹 | Philippine Eagle

Pithecophaga jefferyi

　　早期的鳥類書將這種強大的猛禽稱為「食猿鵰」。這個栩栩如生的名字來自英國自然學家約翰‧懷特黑德（John Whitehead），因為當這隻鳥被射殺時，牠的胃裡含有未消化的猴子碎片。懷特黑德在 1896 年將第一個已知標本送回歐洲，1978 年，經由斐迪南‧馬可仕總統的宣布，本種得到了更具愛國色彩但相對乏味的新名字——菲律賓鷹，並於 1995 年正式成為該國的國鳥。如今，關於這種鳥的歷史隱藏在牠的學名中：食猿鵰屬（*Pithecophaga*）的唯一的成員只有菲律賓鷹，而牠的屬名源自希臘文 *pithecus* 和 *phagus*，分別意為「猴子」和「吃」；而 *jefferyi* 指的則是懷特黑德的父親。

　　不幸的是，國鳥地位並不能保證安全。如今，菲律賓鷹是世界上最稀有的鳥類之一，被列為極危（CR）物種。這種鷹是菲律賓的特有種，棲息在山區的原始森林，僅出現在四個島嶼上，其中大多數族群（在撰寫本文時約有 250 個繁殖對）主要分布在民答那峨島，另外一些分布在薩馬島、雷伊泰和呂宋島。

　　本種是爭奪「世界最大的鷹」稱號的三種鷹之一，其他兩種分別是角鵰（見第 144 頁）和虎頭海鵰（見第 80 頁）。牠在身長方面勝出，最長可達102cm，但在平均體重上稍微落後於競爭對手。儘管如此，這仍然是一種令人畏懼的鳥類。上半部為巧克力棕色，下半部為奶油白色，牠有一種兇猛的態度，來自斧頭形的鳥喙、一撮可以如獅子鬃毛般地豎立在深色臉龐周圍的加長頸羽，以及銳利的淺色眼睛，更增添許多殺氣。牠與角鵰在體型、外觀和森林的生活形態上驚人地相似，這也解釋了為什麼多年來牠被歸類在角鵰亞科（Harpiinae）。然而，後來分子研究顯示，本種更接近於蛇鵰亞科（Circaetinae）。

　　不論牠的名字和分類學如何，菲律賓鷹是該群島上最強大的陸地捕食者。在民答那峨島上，牠的主要獵物是樹棲而體型大小接近貓的菲律賓鼯猴（*Cynocephalus volans*）。其他獵物包括巨蜥、大型鳥類如犀鳥，還有年幼的豬、小狗，當然偶爾還有猴子——具體來說是長尾獼猴（*Macaca fasicularis*）。菲律賓鷹捕獵時通常是從隱蔽的棲枝俯衝到獵物上，或者在樹枝間搜索獵物，一般來說是從樹冠向下。

　　菲律賓鷹擁有極為緩慢的繁殖周期，每兩到三年才會育出一隻雛鳥。每對鳥的巢平均距離 13km。每年春季，牠們藉由翻滾的空中展示來重新確認終生的羈絆。大型的樹枝巢建在高大的突出的龍腦香樹上，內部鋪有綠葉。雌鳥固定只產一顆蛋，孵化大約持續 62 天，而在最初的七週內，父母輪流保護孵化的雛鳥。雛鳥在約五個月大時離巢，但會在接下來的至多 18 個月內與親鳥待在一起，快要到一歲才會自己捕獵。野外鳥類的壽命可達 30 年，而圈養的個體曾達到 46 歲。

　　這種強大鳥類的衰落，歸因於在菲律賓仍然猖獗的森林砍伐，汙染、農藥和誤入陷阱也都讓菲律賓鷹的生存困境雪上加霜；儘管被抓到的人可能面臨最高長達 12 年的監禁，非法狩獵卻仍在繼續。菲律賓鷹的保育工作始於 1970 年代，由著名的美國飛行員查爾斯·林白（Charles Lindbergh）發起，如今由位於民答那峨達沃市的菲律賓鷹基金會（Philippine Eagle Foundation）負責管理人工繁殖、重新引入以及野生族群的保育工作。然而進展十分緩慢，這種雄偉的鳥類正在滅絕邊緣徘徊。

南方鶴鴕 | Southern Cassowary

Casuarius casuarius

鶴鴕（或稱食火雞）很難被錯認成其他鳥類。首先，看看牠的體型：接近 2m 高且重 70kg 以上，這是僅次於鴕鳥（見第 34 頁）的世界上第二大鳥。再來是牠的外觀：兩條粗壯的腿上覆蓋著一團黑色的羽毛，上面長著一條赤裸的亮藍色脖子，掛著兩個擺盪的猩紅色肉垂，頭頂有一個鯊魚鰭狀的頭盔。很多人喜歡稱牠們為「活恐龍」，很顯然這種鳥不符合大多數人對鳥類的印象。

南方鶴鴕，或稱為雙垂鶴鴕，是三個相似物種中最大的一種，也是唯一有分布在澳洲的種類，其他兩種僅限於紐幾內亞及其離岸島嶼。全部物種都屬於平胸鳥類，意思是牠們無法飛行，就像牠們的表親鴕鳥和奇異鳥一樣，先不論體重，牠們的毛髮狀羽毛以及缺乏飛行鳥類用來固定飛行肌肉的龍骨突的胸骨，都證明了這點。相反地，鶴鴕強大的腿能夠以每小時 50km 的速度穿越雨林迷宮。牠三趾的腳配有兇險的爪子，內側爪子是一把長達 15cm 的匕首。一隻激動的鶴鴕可以使出致命的踢擊；金氏世界紀錄將鶴鴕列為「世界上最危險的鳥」，曾經有造成人類死亡的紀錄。但實際上攻擊非常罕見，而且只會在這種天性膽怯的生物習慣了被餵食的情況下才會發生，毫無意外，這樣的餵食是不被鼓勵的。

南方鶴鴕奇怪的頭盔引起了很多爭論，科學家曾經認為它有防撞安全帽的作用，保護鳥類頭顱不受到與森林樹幹碰撞的傷害，也可能是在求偶時作為性訊號。更近期的理論則認為它的功能與鳥類的求偶叫聲有關，這種叫聲的分貝數是所有鳥類中最高的，雖然它的低頻率讓人類幾乎聽不見。鶴鴕的盔由一種海綿狀的多孔材料組成，有些人認為它可能有助於放大叫聲，或者讓鳥聽到其他鳥的呼叫，擁有類似構造的恐龍物種也被認為具有相同的功能，例如盔龍（*Corythosaurus*）。

繁殖是一個緩慢的過程。雌性鶴鴕在森林地面直接產下一窩 3 ～ 8 顆大的淡綠色蛋，隨後雌鳥離開，雄鳥接手照顧。他照料這窩蛋約兩個月，添加或移除落葉來維持最適孵化溫度，然後他在雛鳥孵化後照顧牠們，並且趕走任何掠食者。雛鳥一開始是帶有條紋的黃褐色迷彩裝，需要兩年時間換羽

為黑色的成年羽毛，再花一年時間達到繁殖成熟。成年的鶴鴕是獨行俠，除了繁殖和照顧幼鳥。在圈養環境中，個體的壽命超過 40 年。

在澳洲大約有 2,000 隻南方鶴鴕，侷限分布在昆士蘭北部的雨林中。本種在紐幾內亞的分布比較廣泛，在其範圍內面臨著許多威脅，包括道路交通、獵人以及與其爭奪食物的野豬。這種鳥在任何地方消失都會留下一個空洞，因為鶴鴕是雨林生態系統中的「基石」物種。牠們主要以森林地面或低樹枝上摘取的水果為食，而牠們的糞便是許多樹木關鍵的傳播媒介，實驗顯示，包括穗龍角屬（Ryparosa）在內許多種植物的種子經過鶴鴕消化後，其發芽率幾乎可以翻倍。

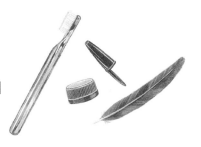

澳 大 利 亞

緞藍亭鳥 | Satin Bowerbird

Ptilonorhynchus violaceus

　　緞藍亭鳥的舞台已經搭建好了：兩束短短的、平行的小樹枝和乾草莖插在地上，面對面像是空的書擋。在它們周圍，落葉堆閃閃發著藍光：有藍色的花朵、藍色的羽毛，還有曬衣夾、筆蓋和瓶蓋等更加人造的藍色，都高雅地擺放著，以增添建築的美感。

　　這是一隻雄性緞藍亭鳥的作品——雖然許多鳥類會建造複雜的巢穴，但只有亭鳥會搭建舞台布景。這些「亭子」（bower）主要有兩種設計：一些物種建造五朔節花柱（maypole）型的亭子，以樹枝環繞一棵樹苗擺放；另一個派別，包括本種，建造林蔭大道型的亭子，樹枝排列在中央通道的兩側。每個物種都有自己對室內裝飾的喜好。緞藍亭鳥以藍色為主，郊區的族群會利用任何牠們能找到的藍色人造物品。建成後，定期的調整可以讓亭子保持最佳狀態。

　　每個舞台當然都需要一場表演，雄鳥已經蓋好他的亭子準備好要吸引雌鳥，當有雌性到來時，他會迅速展開他的表演，隨著顫抖的翅膀伸展，時而跳躍、時而昂首闊步，同時唱起一種機械般的奇妙歌聲。雄性的求偶不保證能夠成功，雌鳥會拜訪附近所有的雄鳥，評估亭子和表演的品質，有時候會趁主人不在場時檢查亭子的結構，然後她們會先回去築巢，再做最終的決定。

　　研究顯示，年輕的雌性亭鳥傾向於根據雄鳥的亭子做出選擇，而有經驗的雌鳥則更注重他的表演。無論哪種方式，一旦雌鳥選擇了一位追求者，牠們就會在亭子裡交配，然後雌鳥返回巢裡產卵。產下的蛋一窩有二或三顆，孵化需要 21 天，雛鳥離巢需要再 21 天。雄鳥則是留守亭子，希望能有更多交配機會，並驅趕可能試圖偷走或破壞他設計的競爭對手。

　　緞藍亭鳥是 20 個不同的亭鳥物種之一，生活在澳洲東部海岸的林地，北方的雨林中還有一個分開的孤立族群。寒鴉大小的雄鳥以他閃亮的藍黑色羽毛為特徵，搭配銀色的喙和紫羅蘭色的虹膜。雌鳥和幼鳥主要呈橄欖綠色，與雄性不同，通常以小群體形式出現。本種是壽命最長的雀鳥之一，繫放人員曾在野外記錄到 26 歲的鳥，而雄鳥直到 7 或 8 歲才能精通建築技巧。

澳大利亞

虎皮鸚鵡 | Budgerigar

Melopsittacus undulatus

　　一片綠色的雲沿著澳洲內陸荒野的地平線上掠過，在蔚藍的天空和紅色的大地上扭轉，彷彿聚起一股龍捲風。那是一群數以千計的鳥，遠處的低語隨著牠們的接近逐漸變成轟鳴聲，一陣數不清的翅膀和吱吱喳喳聲呼嘯而過，以單一生物的同步性在移動。

　　普遍對於虎皮鸚鵡的印象是一隻身處籠中的鳥。畢竟這種在 1850 年代馴化的袖珍鸚鵡是全球第三受歡迎的家庭寵物，以其活潑的聲音和鮮明的色彩受人喜愛。野生鳥主要的綠色羽毛已經演變出藍色、白色、黃色和灰色等新的變異，因此很容易忘記這種鳥原本生長在澳洲中部乾燥的灌木地帶，那裡有著龐大的游牧群體不停地尋找食物和水源。

　　虎皮鸚鵡使用其向下彎曲的喙，剝取濱刺麥、濱藜和其他荒野植物的種子。與所有食用種子的動物一樣，牠需要定期飲水；內陸地區的降雨難以預測，乾旱及暴雨交替出現，因此當雨水降臨時，虎皮鸚鵡必須迅速作出反應。小型先遣隊會勘察地形及搜索地平線，能夠探測到遠至 60km 外的降雨。較小的群體會迅速合併成大群體，規模可達數十萬隻。

　　虎皮鸚鵡尋找水源的能力可能解釋了牠的名字：*betcherrygah*，在澳洲中部的卡米拉瑞族語中意為「好食物」，這個名字被認為指的不是鳥本身，而是描述牠們引領水源並帶來新生的能力。無論如何，虎皮鸚鵡很好地適應了嚴酷的環境。在適當的條件下，牠們會組成鬆散的繁殖群落，每對鸚鵡會在樹洞、籬笆柱或倒下的樹幹中築巢。一對鸚鵡每年可以產下幾窩蛋，因此其族群可能有爆炸性的增長。

　　虎皮鸚鵡分布在澳洲的大部分地區，只在塔斯馬尼亞、約克角和一些沿海地區缺席。野外族群會隨著環境條件而波動，其中以乾旱和野火的影響最甚；同時，原生種子植物被外來入侵種取代，也對虎皮鸚鵡造成威脅。相反地，灌溉計畫和牲畜養殖在原本乾旱的地區引入了水源，使牠們得以在先前無法棲息的地方繁衍生息。與此同時在人工飼養中，數百萬隻虎皮鸚鵡蓬勃繁衍，對於其野外祖先所面臨的挑戰毫不知情。

澳大利亞

笑翠鳥 | Laughing Kookaburra

Dacelo novaeguineae

你不必親自造訪澳洲也能聽到過笑翠鳥的笑聲。這種特大號翠鳥的狂笑聲是叢林冒險電影的御用背景音效，從強尼・維斯穆勒（Johnny Weissmuller）的經典電影《人猿泰山 Tarzan the Ape Man》到史蒂芬・史匹柏的恐龍驚悚片《侏羅紀公園》，雖然這種鳥是澳大利亞的特有種，而這些電影的故事背景分別設定在非洲和中美洲的某處。

然而，對澳洲人來說，笑翠鳥對他們來說並不是特別野生的動物，在該國的大部分地區，這種鳥非常適合在郊區生活，牠在公園和大花園中能找到的食物與在原生的尤加利樹林中一樣豐富。然而，牠的叫聲總是能引人注意，第一次聽到的人可能會嚇到，從一種喉嚨的咯咯笑聲開始，變成一陣響亮的哈哈哈和猿猴般的嗚嗚嗚聲，其他同伴可能會加入大笑的行列，形成一個震耳欲聾的領域大合唱，聽起來野性而魔幻，尤其是在微光的清晨和黃昏時。

這種鳥的體型並不像牠的聲音聽起來那麼大，雖然如此，牠仍是全世界最大的翠鳥，雄鳥的大小接近禿鼻鴉，體重超過 400g，對於牠捕獵的動物而言是一種致命的掠食者。雖然是翠鳥，但這種鳥並不在水中捕食。笑翠鳥是伏擊獵手，靜靜地停棲在樹枝上掃描下方的地面，然後猛撲下去，用牠沉重的船型鳥喙抓住獵物。獵物包括大型昆蟲、小型哺乳動物和爬行動物，而且這種鳥是捕蛇專家，能夠戰勝超過 75cm 的蛇，像鞭打般將蛇頭甩在地上，然後將其整個吞下。

笑翠鳥是笑翠鳥屬（*Dacelo*）的四個物種中最大的，其中有兩種只分布在紐幾內亞。「Kookaburra」一詞源於原住民威拉朱里語（Wiradjuri）中的擬聲詞 *guuguubarra*。學名的詞源則較為複雜。基於誤會，分類學家們選擇了 *novaeguineae*，誤認為第一個標本是在紐幾內亞獲得的，這要歸功於十八世紀法國探險家皮埃爾・索納拉特（Pierre Sonnerat）的吹牛故事，他根本沒有接近過那座島。實際上，這種鳥類根本不存在紐幾內亞，屬名 Dacelo 只是翠鳥屬（*Alcedo*）的字母重組而已。對於聽過這種鳥叫聲的人來說，牠的綽號「大笑的蠢蛋」（laughing jackass）感覺非常完美。

除了體型和喙的特徵外，這種鳥還可以藉由其白色頭部、褐色過眼線以及主要為褐色的翅膀上有一塊藍色區域來識別。牠們築巢在樹幹或樹棲白蟻的巢穴中，笑翠鳥是終身成對的一夫一妻制，雌鳥每年產下一窩三顆蛋。第三隻最小的雛鳥可能會被巢中的兄姐欺凌致死，儘管如此，存活下來的雛鳥可能會留在父母身邊一年甚至更久，協助撫養下一窩並參與家族的領域防禦，這就是牠們大笑合唱的原因。雖然自然分布在澳洲東部，但笑翠鳥已經被引入到其他地方，包括澳洲西南部和塔斯馬尼亞，主要是期待牠能夠幫助減少蛇的數量，甚至在 1860 年代，一小群笑翠鳥被引入到紐西蘭的豪拉基灣。與此同時，作為一個象徵，這種鳥出現在從童謠到板球球和 20 元鈔票等澳洲文化的各個角落。

紐西蘭
鴞鸚鵡 | Kakapo
Strigops habroptila

　　紐西蘭的第一批歐洲訪客回報，鴞鸚鵡多到可以像搖蘋果一樣把他們從低樹上搖下來。悲傷的是，到了 1970 年代，獵殺、棲息地破壞和外來掠食者使這種獨特的鸚鵡瀕臨滅絕邊緣。今天，在經過五十年的密集復育後，僅剩下約 200 隻個體。每一隻都有自己的名字。

　　鴞鸚鵡絕非典型的鸚鵡。這種不會飛的夜行性鳥類，擁有一張留著鬍鬚、類似貓頭鷹的臉，發出詭異的「咕咕」聲而非嘎嘎叫；牠的體重與貓相當，雄鳥最多可達 4kg。這些奇特的特徵起因於板塊構造，當紐西蘭在 8,200 萬年前從岡瓦納大陸分離出來時，擺脫了哺乳動物，使得地面對鳥類而言更安全。鴞鸚鵡是許多適應了不需飛行的鳥類中的一種，牠的翅膀比飛鳥短，缺乏大胸肌、有龍骨突的胸骨和融合的鎖骨，其柔軟的羽毛主要用於保溫，而非飛行。由於無需升空，牠還可以儲存額外的脂肪以度過糧食短缺的時期，這種鳥實際上已經演化成填補哺乳動物在其他地方佔據的生態棲位。

　　鴞鸚鵡白天會棲息在地面植被茂密的地方，其綠色羽毛形成良好的保護色。夜晚牠們以原生植物如紐西蘭陸均松為食，並以粗短厚實的鳥喙磨碎種子。與許多鸚鵡不同，牠們不會形成配對的連結，相對地，雄鳥用牠們強壯結實的腿跋涉到山丘上的「交配場」來吸引雌鳥。在那裡，每個競爭者利用膨脹胸部裡的氣囊來發出聲音，並且在地面上刮出幾個碗狀的凹陷，用來放大他發出的咕咕聲。牠每天晚上表演長達八個小時，從一個碗移到另一個碗。在平靜的夜晚，這種聲音能夠吸引遙遠地方的雌鳥。

　　雌鳥交配完成就會回去開始築巢，而雄鳥則不參與育雛工作，繼續發出咕咕聲以吸引下一位雌鳥。雌鳥會在隱蔽的地面巢穴中產下三顆蛋，30 天後雛鳥孵化，並在 10 ～ 12 週後離巢，但牠們的母親可能會繼續餵養牠們三個月。鴞鸚鵡平均每三年繁殖一次，尤其是在紐西蘭陸均松結果時。牠們成熟的速度較慢，能夠活到驚人的 60 歲甚至更長。

　　人類是鴞鸚鵡消亡的罪魁禍首。最早抵達紐西蘭的是 1000 年前的波利尼西亞人，他們捕獵這種鳥以取得肉和羽毛，而且讓鴞鸚鵡無法對抗他們帶

來的老鼠和狗。到了 1840 年代，歐洲人抵達紐西蘭，帶來了貓、白鼬和毫無節制的森林砍伐。保育工作自 1890 年代開始，但外來的掠食者徹底洗劫每一個安全的避風港，個體在圈養環境中存活率很低。

到了 1970 年代，鴞鸚鵡被認為已經瀕臨滅絕。然而在 1977 年，一小群鴞鸚鵡在斯圖爾特島上被發現，並且鴞鸚鵡復育計畫很快地啟動。1989 年，所有剩餘的鴞鸚鵡被遷移到一些離岸島嶼上，島上的外來掠食者已經被根除，並且復育了天然植物。自那時以來，鴞鸚鵡的數量緩慢回升，在本書撰寫的當下有 209 隻個體，每隻鸚鵡都被標記，進行監測並接受每年的健康檢查。目前正在準備更多的島嶼，以建立可自行繁衍的族群。這種鳥仍然屬於極危（CR）物種。

紐西蘭

北島褐鷸鴕

North Island Brown Kiwi

Apteryx mantelli

　　沒有哪種國鳥比紐西蘭這種不能飛的奇特鳥類——鷸鴕（奇異鳥），更能與國民緊密連結。今天，這個詞語已經成為紐西蘭人自己的通用綽號，無論他們在世界的哪個角落都能驕傲地自稱。

　　「Kiwi」原本是毛利語，對於它是鳥叫聲的擬聲轉寫，或是源於太平洋杓鷸（bristle-thighed curlew, *Numenius tahitiensis*）的波利尼西亞文名字，人們總是意見分歧；後者是一種遷徙的涉禽，其長而彎曲的鳥喙跟鷸鴕很相似。不管怎樣，鷸鴕首次出現在 19 世紀的紐西蘭的軍服徽章上，這個詞在第一次世界大戰期間普及到了其他地方，當時紐西蘭士兵被稱為「kiwis」。它在 1906 年隨著奇偉鞋油（Kiwi shoe polish）的出現而開始流行，這個家喻戶曉的品牌的受歡迎程度甚至使「kiwi」成為馬來語中的一個動詞，意思是擦亮鞋子，諷刺的是，這是一個澳洲的品牌。

　　有著梨形的身體和被毛髮狀羽毛遮蓋的小翅膀，鷸鴕看起來幾乎更像是哺乳動物而非鳥類，這種看法也不算太離譜：由於紐西蘭沒有原生的陸地哺乳動物，許多本土鳥類（鴞鸚鵡，見第 192 頁）已經演化成填補哺乳動物空缺的生態棲位，並在此過程中失去了飛行能力，鷸鴕也是其中之一。如今，這些微小的翅膀幾乎毫無用處，事實上，學名中的屬名 *Apteryx* 的意思是「沒有翅膀」。

　　在分類學上，鷸鴕全世界平胸鳥類中最小的一種，也就是不會飛的鳥類群體。北島褐鷸鴕是五種鷸鴕中數量最多的。與其他鷸鴕一樣，牠主要在夜間活動，雖然在人類出現之前可能比較沒那麼夜行性。由於視力差，牠仰賴極其敏感的長喙在森林的落葉層中尋找蠕蟲和昆蟲。鷸鴕在鳥類中是獨一無二的，因為牠們的鼻孔位於喙的尖端，使其成為鳥類界中嗅覺最強的物種。

　　鷸鴕的配對關係是終身一夫一妻制的。求偶期間，這些鳥類在夜間鳴叫，然後白天在牠們的地洞中相會。雌鳥交配後產卵，卵的重量可達雌鳥體重的 20%，比例上來說是鳥類中最大的蛋。蛋的發育需要 30 天，對雌鳥產生巨大的壓力，迫使她在產卵前的最後幾天必須禁食，因為她的胃已經沒有

空間了，甚至需要蹲在水坑中以緩解壓力。這種鷸鴕是唯一一種可能產下兩顆蛋的鷸鴕，第二顆蛋會在第一顆出生後的 25 天後產下。孵蛋則是雄鳥的責任，時長為 63 ～ 92 天。雛鳥在孵化後十天就準備好離開地洞，而雙親卻不見蹤影。

　　紐西蘭的鷸鴕現在都被 IUCN 列為易危（VU）或近危（NT）物種。從人類抵達紐西蘭的那刻起，這些鳥的命運就一落千丈，狗、白鼬和野豬等引入的哺乳動物，發現牠們的蛋和雛鳥易於獵取。如今，如果沒有控制入侵的掠食者，只有 5 ～ 10％的雛鳥能夠存活到成年。儘管如此，北島褐鷸鴕是唯一一種自然分布在北島的鷸鴕，牠們已展現出足夠的適應性，從其原生森林到農場和種植園中生存。估計族群為 3 萬隻。

巴布亞紐幾內亞

華美天堂鳥 | Superb Bird-of-paradise

Lophorina superba

　　巴布亞紐幾內亞山區潮濕的森林地面是屬於一場驚奇舞蹈的舞台。在雌鳥到來的驅使下，一隻雄華美天堂鳥向前跳，豎立起電光藍的三角形胸盾，接下來，牠將頸背羽毛展開成一個漆黑的披肩，在背上綻放成完美的橢圓形。然後牠低下頭，使臉部消失並露出兩個閃亮的冠斑，在黑色背景襯托下就像眼睛一樣熠熠生輝。最後，戲服就位後，牠開始跳舞，圍繞著雌鳥跳來跳去，並用尾羽相互敲擊發出類似彈手指的聲音。表演到中段的時候，很難讓人相信這個奇異的幻影真的是一隻鳥。

　　當第一批歐洲探險家看到天堂鳥的毛皮時，當地居民告訴他們這些鳥沒有腿，而是漂浮在天堂靠露水生活，直到最後落到地球上。這個神話持續了150 多年，成為了鳥的名字，畢竟，探險家們推斷如此非凡的羽毛肯定屬於這個世界以外的東西，但實際上這些毛皮的腿部只是被切除了。今天我們知道，天堂鳥約有 50 種，全部都限定在紐幾內亞及其衛星島嶼，還有一些分布在澳洲東部，是一個完全屬於凡間的鳥類家族，與烏鴉是遠親關係。除去花俏的羽毛，你會看到牠們有普通的鳥類身形，大小從椋鳥到鴿子不等。

　　一切都是繁殖雄鳥的羽毛引起的，大多數物種擁有奢侈的裝飾，從大天堂鳥瀑布般的金色脅羽到威爾森天堂鳥螺旋捲曲的尾巴，目的是為了吸引配偶。大多數物種是一夫多妻制，每隻雄性與多個雌性交配。有些在競爭的求偶場一起展示，而包括華美天堂鳥的另外一群，則在各自的舞台展示；舞台的準備包括拔掉樹葉或清掃落葉。每種鳥都有獨特的顏色、舞蹈和歌曲組合。競爭是很激烈的；一隻雄性華美天堂鳥每天都會表演好幾個小時，而平均每隻雌鳥在決定「對的鳥」之前會拒絕 15 ～ 20 位追求者。

　　華美天堂鳥居住在紐幾內亞中部山區的森林，海拔在 1,000 ～ 2,300m之間。牠以樹冠和地面上的果實和節肢動物為食。雌鳥就像所有物種一樣，比她的伴侶黯淡，負責所有的育兒職責。她在樹杈中用葉子、蕨類和其他柔軟的植物材料築巢，並產下一到三顆蛋。孵化需要 16 ～ 22 天，雛鳥在 18天後離巢。雄鳥可能需要四年的時間來發育展示羽，而雌鳥則在兩年後就能繁殖。

天堂鳥的羽毛和皮膚被用在紐幾內亞的服飾和儀式中已有數千年的歷史，並且被拿來與亞洲人貿易至少有 2,000 年之久。十六世紀時，葡萄牙探險家斐迪南‧麥哲倫（Ferdinand Magellan）收到了來自巴占蘇丹（Sultan of Batchian）的禮物，是天堂鳥羽毛在西方世界的首次露面。這些羽毛在十九世紀變得流行，僅在 1904 ～ 1908 年間就有 155,000 張毛皮在倫敦售出。1922 年，羽毛貿易被禁止，如今狩獵是非法的，除了用在傳統文化中的永續額度。棲息地破壞對本種構成更嚴重的威脅，儘管牠們的數量仍然豐富，且被 IUCN 列為無危（LC）物種。

皇帝企鵝 | Emperor Penguin

Aptenodytes forsteri

　　倫敦自然歷史博物館的地下室存放著由英國探險家阿普斯利・切里加勒德（Apsley Cherry-Garrard）從南極洲收集的三顆皇帝企鵝蛋，幾乎是這裡的收藏中數一數二難取得的。切里加勒德是羅伯特・法爾肯・史考特（Robert Falcon Scott）於 1911 年前往南極點的倒楣探險隊助理動物學家，為了收集這些蛋，他和其他兩名同伴徒步穿越羅斯島 100km，忍受著 -60℃的低溫；還有一場風力 11 級的暴風雪，摧毀了他們的帳篷和後來建造的冰屋，迫使他們露天過夜。切里加勒德因牙齒劇烈打顫而失去了大部分的牙齒，因此，他在描述該探險時寫道：「我不相信地球上有人比皇帝企鵝過得更艱難。」

　　從人類的標準來看，這個説法似乎無庸置疑；但是這種鳥當然對其他事物一無所知，在地球上最寒冷的地方，皇帝企鵝的生活本身就是一項非凡的耐力壯舉。並且極度適應了生存在這樣的磨難中。牠細小而刀片狀的外羽毛比其他任何鳥的羽毛都更緊密地排列，藉由將它們豎立起來，在下方的柔軟羽絨創造一層絕緣的空氣，從而保持身體的熱能，同時又能防水。厚厚的皮下脂肪也增加了絕緣效果；隨著冬季變得更加嚴寒，鳥兒們緊密依偎成一團，緩慢地循環，以確保每個個體都輪流處於溫暖的中心位置——就連行為也有助於保暖。

　　這是世界上最大的企鵝，狀態良好時體重可達 45kg，也是唯一在南極的冬季繁殖的鳥類。在 3 月，成年皇帝企鵝往內陸長途跋涉前去位於浮冰上的群落，距離多達 120km，有時步行，有時用肚子雪橇滑行。找到配偶後，牠們會進行複雜的鞠躬儀式。每隻雌鳥產下一顆蛋，然後小心地將蛋移交到她的伴侶腳上，雄鳥將蛋包覆在溫暖的腹部皮膚皺褶中，接著她返回大海覓食，留下他獨自孵蛋。兩個月的期間，這個寶貴的蛋一直留在雄鳥的腳上度過冬天。到了 8 月下旬，蛋已經破殼，雌鳥及時返回接手照顧，為雛鳥反芻食物，而她們已經三個月沒有進食的伴侶則前往大海覓食。幼鳥七週大時，雄鳥們再次回來，銀灰色毛茸茸的雛鳥聚集成一團。然後，在夏季的開始（12 月至 1 月），親鳥和幼鳥全體遷徙到大海。

在水中，皇帝企鵝利用其流線型的身體靈活地移動，並以像槳一樣的翅膀驅動身體。皇帝企鵝的獵物主要是魚、磷蝦和烏賊，牠們經常潛入獵物下方，以上面的冰為背景襯托並尋找獵物，然後上升並用銳利的嘴和帶倒刺的舌頭抓住它。牠們可以下潛超過 500m，每次停留 18 分鐘。實心的骨頭（與飛行鳥的骨頭不同）幫助牠們承受壓力，牠們的血液可以在低濃度的環境運輸氧氣，同時關閉非必要的代謝功能，心跳減慢至每分鐘僅 15 次。

繁殖季節以外的期間，皇帝企鵝分散在南冰洋上。衛星追蹤顯示了這些鳥如何從群落移動超過 2,300km；在 2006 年的一項研究中，一隻個體在追蹤器失效前的六個月內移動了 7,000km。豹海豹和虎鯨會捕食幼鳥，然而氣候變遷對整個物種構成了更嚴重的威脅；南極變暖導致海冰持續消融（這是一個會讓切里加勒德感到困惑的概念），已經耗盡了食物存量並造成了主要群落的明顯衰退。如今，IUCN 將皇帝企鵝列為近危（NT）物種，估計有40 萬～ 45 萬隻個體分布在 40 個獨立的群落中。

漂泊信天翁 | Wandering Albatross
Diomedea exulans

　　這種巨大的海洋性鳥類的學名 *exulans* 源自古希臘語中的「放逐」，牠在世界上最狂野的海洋上孤獨漂泊，長久以來一直引起水手們的共鳴，因此在航海傳說中具有重要意義。實際上，在一些文化中，殺死信天翁是一種不祥的預兆，正如塞繆爾·泰勒·柯勒律治（Samuel Taylor Coleridge）著名的詩《古舟子詠》中的敘述者，因為這麼做而招致災禍，被迫在脖子上掛著死鳥作為贖罪。

　　漂泊信天翁是 22 種信天翁中最大的一種，其翼展有 3.1m，偶爾可達到巨大的 3.65m，是所有鳥類中最大的。很少有物種的名稱比牠更貼切，任何往返於南冰洋船隻都可能遇到這位漫遊者，用狹長的翅膀毫不費力地轉彎，沒人知道牠要到哪裡去。繁殖場地只是個暫時的住所，牠大部分的生活都在海上度過，追隨風和洋流去到食物最豐富的地方。在這過程中，牠旅行的距離驚人：漂泊信天翁個體每年可環繞南冰洋三圈，平均飛行距離超過 12 萬 km，每天平均最高達到 950km。

　　像所有信天翁一樣，本種使用一種稱為動態滑翔的技術，其長寬比極高的狹長翅膀能夠駕馭碎浪產生的升力，使牠可以在空中停留數小時而不需要耗費能量拍動翅膀。特殊的肌腱也可以將牠的翅膀鎖定在伸展的位置，從而消除肌肉張力。漂泊信天翁的其他適應包括比大多數鳥類更強的嗅覺，使牠們能夠找到遠距離外的食物，包括烏賊、小魚和其他水表生物等；強大的胃酸在腸道中分解這些食物，而鳥喙基部的腺體能吸收體內的鹽分並以鹽水的形式排出，在喙尖端形成規律滴水。

　　漂泊信天翁終生成對，但每兩年才繁殖一次。牠們的繁殖群落僅限於南方的一些島嶼前哨，例如南喬治亞。一對信天翁於 11 月初開始求偶，進行拍打鳥喙、搖晃頭部、展開翅膀以及嘶叫聲的吵鬧展示。牠們在暴露的山脊上建造一個由泥土和植被組成的錐形巢，那裡的微風有助於起飛。雌鳥於 12 月中下旬產下一顆蛋，孵蛋期間為 11 週。隨著雛鳥的成長，父母輪流交

換工作，一方坐在巢中，另一方就去覓食，返回後用反芻的胃油[23]餵養牠們的孩子。幼鳥留在巢中的時間比其他任何鳥類更長，將近一年才會離巢。

幼鳥離巢後在公海上漂泊，六年內不返回出生的群落，12年或更長時間不進行繁殖。事實上，這種鳥擁有長達60年的壽命，其生命週期的時間尺度與我們相當。成鳥幾乎沒有自然的威脅，然而人類又是另一回事了。信天翁經常跟隨漁船以取得內臟和意外捕獲物，而許多信天翁會被綿延數公里的延繩釣漁鉤困住而溺死，塑膠垃圾常常看起來像漂浮的腐肉，也是一個致命的危險，尤其是當它被餵給巢中的幼鳥時。如今，漂泊信天翁被列為易危（VU）物種，擁有約26,000對繁殖對，與所有信天翁一樣都是協同保育的重點。

---

23 信天翁科在消化獵物後產生的物質，富含能量。

南昔德蘭群島
黃蹼洋海燕
Wilson's Storm-petrel

Oceanites oceanicus

　　第一眼看到這種嬌小的海鳥在風暴肆虐的海洋中振翅時，對於不知道的人來說是一個怵目驚心的景象。你可能會疑惑，這麼小的東西，飛行看起來這麼脆弱，要如何在狂風暴雨中生存。實際上，由於牠的外觀與西方毛腳燕（*Delichon urbicum*）相似，可能會讓人以為是某種遷徙中的陸地鳥類，被風刮離了航線。

　　然而，水手們知道這些鳥比牠們看起來更堅韌。英文名稱「暴風海燕」結合了牠們對狂暴天氣明顯的鍾愛，以及牠們招牌的腳拍水動作，據說這種行為就像是聖彼得嘗試走在加利利海上。黃蹼洋海燕傳統的綽號「凱莉媽媽的小雞」（Mother Carey's chicken）則具有更黑暗的含義，援引水手們害怕的超自然女性，據說是臭名昭著的戴維・瓊斯（Davy Jones）的妻子。[24]

　　這種洋海燕（暴風海燕）得名於著名的美國鳥類學家亞歷山大・威爾森（Alexander Wilson，1766 ～ 1813），其屬名 *Oceanites* 則來自於神話中希臘女神忒堤斯（Tethys）的 3000 位女兒——俄刻阿尼得斯（Oceanids）。作為全球 25 種洋海燕中數量最多的一種，事實上牠是世界上最普遍的鳥之一，估計數量超過 5000 萬對；然而卻很少有人聽說過牠，更不用說親眼看到牠。這反映出牠偏遠的生活型態——像所有同類一樣，這種鳥是真正的遠洋鳥，築巢在極南的緯度，終其一生都在世界各地的海洋中漂泊。牠沒有比麻雀大多少，通常在海浪上方低飛，因此很難在海上發現。一旦看到，牠的白色臀部在其餘煤灰褐色的羽毛之上非常顯眼，是一個明顯的辨識特徵，而其方形的尾巴有助於與其他叉型尾巴的海燕區分開來。

　　黃蹼洋海燕繁殖於偏遠的南半球島嶼和海岸線，從合恩角到南極半島末端的南昔德蘭群島。事實上，牠們是在南極繁殖體型最小的恆溫動物。在12月初，配對的鳥會在岩縫或地洞中產下單一顆蛋，孵蛋大約持續六週，雙親都會餵養雛鳥，並在夜間造訪巢穴，目的是為了避開掠食者。雛鳥的離

24　水手之間傳說凱莉媽媽會帶來暴風並造成沈船，將水手送去給丈夫戴維・瓊斯。

巢時間從最南端繁殖群落的 48 天到最北端的 78 天之間，這種差距反映了不同緯度的日照長度差異。

繁殖後，黃蹼洋海燕出發跨越大洋，許多會在北大西洋聚集，有些甚至會到達北極，在那裡充分利用北方的夏季。像大多數遠洋鳥類一樣，牠們的漫遊反映了食物和天氣的波動。在豐饒的地區，成千上萬的鳥可能會聚集在一起在水面上方低飛，牠們停懸在浪濤的上升氣流中，同時垂下雙腿作為穩定器，藉此尋找浮游生物、磷蝦和其他微小的表面食物。

本種的已知壽命是十年，但考慮到其他洋海燕物種中曾記錄過的驚人年齡，黃蹼洋海燕的實際年齡可能會超過十歲。在海浪之間，牠沒有什麼好害怕的，然而，在繁殖地的生活危險得多，幼鳥以及返回餵養牠們的成鳥，可能會受到賊鷗和鞘嘴鷗的攻擊，這些掠食性鳥類顯然已經準備好冒著惹怒凱莉媽媽的風險了。

加勒比

麗色軍艦鳥
Magnificent Frigatebird

Fregata magnificens

　　這種熱帶海鳥的名稱來自法語詞彙 *frégate*，是小型戰船的意思。牠的傳統英文名稱「man-of-war bird」[25] 也反映了這種鳥好戰的行為，尤其是牠會劫掠其他海鳥，迫使牠們放棄自己的獵物。這個名字出現在克里斯多福・哥倫布（Christopher Columbus）第一次橫越大西洋的日誌中，「他們看到了一種稱為軍艦鳥的鳥，強迫鰹鳥吐出食物給自己吃。」這位探險家在 1492 年 9 月 29 日經過維德角群島時寫道，「她不靠其他東西維持生計。」

　　哥倫布的觀察值得稱讚，但有幾點需要注意：首先，麗色軍艦鳥也有其他方式養活自己，其實牠的盜食寄生（kleptoparasitism，描述從其他物種偷竊食物的科學術語）行為雖然在觀看時很有戲劇張力，但只佔其飲食的一小部分。除此之外，牠使用長長的喙從海洋表面挑起魚、烏賊和其他小東西，有時甚至趁飛魚跳躍時抓住牠們。然而，牠從不降落在海浪上，因為牠的羽毛缺乏防水油脂，很快就會變得太濕重而無法起飛。

　　第二，令人難過的是，麗色軍艦鳥在維德角似乎已經滅絕。牠在大西洋的繁殖範圍現在僅限於西側，從佛羅里達通過加勒比海到巴西南部，東太平洋相應的緯度也有麗色軍艦鳥繁殖，從秘魯到墨西哥，包括加拉巴哥群島。在非繁殖期間，牠的活動範圍更廣，利用其長翅膀和輕巧的身體，花費最小的力氣飛越廣大的距離。事實上，這個物種擁有所有鳥類中最低的翼面負載（體重與翼展的比例），其羽毛比骨架還要重。牠維持空中飛行的能力僅次於雨燕（見第 45 頁），並且像雨燕一樣，牠通常在飛行時睡覺。

　　麗色軍艦鳥是五種軍艦鳥中最大的，翼展可達 2.2m。與其他軍艦鳥一樣，牠擁有褐黑色的羽毛和不可能被認錯的尖角形飛行輪廓，以及長而窄的翅膀，和長而分叉的尾巴。牠最獨特的特徵最容易出現在繁殖季節——紅色的喉部皮膚形成鬆垮的「喉囊」，展示的雄鳥會將其膨脹成一個奇異的猩紅色氣球。繁殖對將牠們的大型平台巢建在低樹或灌木中。單一蛋的孵化期

25　Man-of-war 字面上的意思為戰爭之人，一般用來指稱戰艦。

間為 55 天，之後雙親共同合作餵養雛鳥三個月，然後雄鳥離開到別處開始另一個繁殖週期，留下伴侶獨自完成剩下的八個多月工作。而且事情還沒結束，雛鳥在離巢後可能還會留在母親身邊另外八個月，可算是任何已知鳥類中最長的育雛期。

包括令人悲痛的維德角，麗色軍艦鳥面臨的自然威脅其實很少，儘管獵殺和老鼠對一些繁殖群落造成了損害；如今本種被 IUCN 列為無危（LC）物種，牠那瀟灑的身姿，像孩童的風箏一般高高地懸在海浪上方，仍然是熱帶海洋上常見的風景。繁殖地點通常位於難以接近的小島上，因此觀察起來更加困難。然而，巴布達島上科德林頓潟湖的繁殖群落是加勒比地區最大的，如今已成為一個重要的旅遊景點，潟湖中的紅樹林恰如其分地叫做軍艦島，搭船行程讓遊客能夠欣賞麗色軍艦鳥精彩絕倫的求偶表演。

巴別島
短尾水薙鳥
Short-tailed Shearwater

Ardenna tenuirostris

當黃昏降臨在澳洲大陸和塔斯馬尼亞之間的巴斯海峽時，海面上湧現出數千隻深色的鳥類，貼著海浪低掠而過。這些是羊肉鳥（muttonbird），或者鳥類學家稱之為短尾水薙鳥。牠們排成長隊移動，每隻個體都快速地低飛在下一隻的後面。有些正外出前往覓食地點；其他則已經滿載了食物，正在回到牠們的雛鳥身邊。

巴別島（Babel Island）是巴斯海峽的眾多島嶼之一，自從 1995 年起由塔斯馬尼亞原住民團體擁有，名字來自於這些鳥在地洞巢穴中發出的嘈雜聲音。大約有 280 萬對鳥在那裡繁殖，是世界上最大的單一繁殖地。鳥兒們在 10 月分抵達，每對鳥都會返回同一個地洞。雌鳥每次產下一顆蛋，經過 53 天後，於 1 月底孵化。接著，雙親會踏上長途覓食之旅以供給雛鳥食物，飛行距離可達 1500km，有時可能會拋下雛鳥一週左右。

在親鳥離開時，雛鳥依賴脂肪儲備生存。牠們的體重成長飛快，事實上，在離巢時牠們的體重可達到 900g，幾乎是親鳥體重的兩倍，因而牠們有「羊肉鳥」這個傳統名稱；這些鳥曾經被塔斯馬尼亞和維多利亞州沿海的原住民大量捕捉，以獲取其富含脂肪的肉、油和羽毛。時至今日，短尾水薙鳥仍然是澳洲唯一一種被商業性捕獵的野生鳥類，捕獵需有許可證且每年有額度上限。

短尾水薙鳥是鳥類界最偉大的旅行者之一。在繁殖後，成鳥和幼鳥一起往北飛向北太平洋的富饒之地，範圍從日本和堪察加東部到阿拉斯加的阿留申群島。這種遷徙與大西洋的北極燕鷗（見第 78 頁）一樣但方向相反，而且兩者移動的距離幾乎一樣遠。被衛星追蹤的個體在曾經在一年內達到 6 萬km。遷徙路線則遵循天氣模式和食物供應，近期的研究顯示，許多鳥首先南飛到南極的覓食地，以儲存脂肪準備下一段旅程，然後牠們向北飛越西太平洋，僅在 13 天內就飛了 11,000km，之後再分散開來，有些向東飛往日本北部和鄂霍次克海的覓食場域，有些向北飛往阿留申群島和白令海。9 月

分牠們啟程返回，穿越中太平洋，有些經過加利福尼亞海岸，僅需 18 天的時間就能完成旅途回到繁殖地。

　　近距離看，短尾水薙鳥可能並不起眼，但這種海鷗大小的碳黑色鳥類應對海上生活的裝備令人驚艷。與所有水薙鳥一樣，硬挺而窄的翅膀使牠能夠利用海浪的上升氣流來節省能量，還能幫助牠深入水面下捕捉小魚和甲殼動物，鳥群經常聚集在覓食的鯨魚周圍，鯨魚會將這些食物資源聚集成餌球（bait ball）。這些適應有助於解釋本物種的成功：牠們是澳洲數量最龐大的海鳥，估計有 2,300 萬對，被 IUCN 列為無危（LC）物種。然而，最近在阿拉斯加海岸發生的大規模死亡事件，引起了人們擔憂其食物庫存可能受到氣候變遷的威脅。

塞席爾

白玄鷗 | White Tern

Gygis alba

　　這種純白的熱帶海鳥擁有許多名字。在塞席爾，牠被稱為「仙子燕鷗」（fairy tern），但這可能會與眼斑燕鷗（*Sternula nereis*）混淆，後者是一種在太平洋西南地區同名[26]的不同物種。牠也稱為「白燕鷗」、「天使燕鷗」，而在夏威夷則被稱為 Manu-o-kú，是檀香山的官方鳥類。

　　無論你怎麼稱呼，牠都不可能會被認錯，白玄鷗擁有雪白的羽衣和優雅的叉型尾巴輪廓，銳利的黑色鳥喙和大大的墨黑色眼睛更是特點。牠的分布範圍橫跨熱帶緯度，主要在印度洋和太平洋的開放海域獵食小魚、烏賊和甲殼動物；潛入水面以下抓取獵物，並在島嶼和珊瑚礁上的大型群落築巢。

　　白玄鷗在海鳥中──事實上是在所有鳥類中都很不尋常，因為牠並不建造任何類型的巢穴，甚至連像其他燕鷗物種在沙地中挖一個淺坑都不願意。雌鳥在沿海樹木的水平低樹枝上找到一個能夠固定蛋的凹陷處，直接生產其單一顆蛋；在沒有樹的地方，則可能使用岩石突出物甚至人造結構。

　　科學家認為，這種極簡的產卵方式可能有助於減少傳統巢穴帶來的寄生蟲負擔。缺點是面對熱帶風暴時卵的脆弱性，強烈的風有時確實會摧毀群落；然而如果發生這種情況，白玄鷗可以迅速再次下蛋。孵化持續 21 天，一隻毛茸茸的雛鳥出生時就帶著強而有力的腳爪，可以牢牢地抓住其暴露的棲枝。如果牠們能在不穩定的前幾週存活下來，成鳥可活到驚人的 42 歲。

　　白玄鷗長期以來一直是水手們有用的導航輔助。這些鳥很少離開繁殖群落超過 45km，因此在海上看到牠們耀眼的白色身影就代表附近有陸地，船長只需將船導向這些鳥傍晚返巢的方向就可以找到陸地。與許多島嶼海鳥一樣，白玄鷗在一些地區由於外來掠食者如老鼠和貓的引入而遭受傷害。有些傳統的島嶼社會也曾經以這種鳥類為食。儘管如此，牠仍然數量眾多，估計數量達到數十萬，被 IUCN 列為無危（LC）物種。

26　眼斑燕鷗英文名同為 fairy tern。

藍腳鰹鳥 | Blue-footed Booby

Sula nebouxii

　　在一場舞蹈比賽中，雄性藍腳鰹鳥的沉悶表演可能難以贏得分數。但他的表演雖然缺乏衝勁，卻以獨創性脫穎而出。他慢慢地昂首闊步圍繞伴侶，每次抬起一隻腳，裝模作樣地展示其鮮豔藍綠色的蹼，在一個戲劇性的瞬間，他將鳥喙指向天空並展開翅膀，然後繼續回到慢慢環繞展示腳的表演，偶爾還會送上一根樹枝作為禮物。在這裡唯一負責的評審是雌鳥，似乎他的腳越豔麗，她給的分數就越高。

　　這種生活在太平洋東部的熱帶海鳥在其家族中獨一無二地使用腳進行性展示。這些附屬物的顏色從淺藍綠色到深海藍色都有，雄鳥的顏色比雌鳥更亮，而年輕的鳥最亮。該顏色來自鳥類食物中的類胡蘿蔔素色素，其色彩強度與鳥類飲食的品質相關。因此，雄鳥的腳是他的健康狀態以及繁殖能力的指標，因此雌鳥喜歡腳顏色最亮麗的雄鳥。

　　藍腳鰹鳥在峭壁和小島上的群落中組成一夫一妻的繁殖配對。雌性平均產下兩顆蛋，並且雙雙輪流孵蛋，用腳來保持蛋的溫暖。雛鳥出生的時間相隔五天，對於第二隻雛鳥來說是個壞消息，因為更年長、更大的手足會欺負牠，獨佔親鳥帶來的食物（反芻的魚），通常牠會餓死。親鳥不會干涉；牠們投入足夠的資源撫養一隻雛鳥，第二隻雛鳥只是個保險，在食物豐富的年分，牠們可能可以成功地撫養兩隻雛鳥。這種殘酷的繁殖策略稱為「授權的手足相殘」（facultative siblicide），在其他某些鳥類群中也存在，包括老鷹。研究指出，第二隻小鳥如果能夠倖存，並不會受到長期的不良影響，除了可能有一輩子的怨恨之外。

　　本種是鰹鳥科（Sulidae）中的十種鳥之一，包括熱帶地區的鰹鳥（booby）和更溫帶緯度的大鰹鳥（gannet）。「Booby」源自西班牙語的「*bobo*」，意為「傻瓜」或「小丑」，形容這種鳥笨拙、大腳步的走路方式。這種中大型鳥類翼展約 1.5m，與其所有家族成員一樣，以沙丁魚等魚群為食，利用戲劇性的俯衝潛水捕捉獵物，從高達 30m 的高處以鳥喙朝前如箭一般射入水中。特殊的適應有助於這種技巧：向前的眼睛（出眾的淡黃色）使其獲得瞄準水下獵物所需的雙眼視覺；鼻孔封閉以防止水進入；臉部

和胸部的氣囊幫助緩衝反覆潛水帶來的衝擊。在水下，牠使用翅膀潛入更深的地方，並確保獵物。食物豐富的地方會形成大型的的捕魚派對，四面八方眾多的鳥同時俯衝，水面就像是爆炸一樣。這樣的聚集也會吸引軍艦鳥（見第 208 頁），牠們可能會在鰹鳥回程餵養雛鳥時劫掠牠們的獵物。

藍腳鰹鳥在熱帶和亞熱帶的東太平洋，從墨西哥到秘魯的岩石海岸和島嶼上繁殖。加拉巴哥群島是特有亞種的家園，歷史上曾經有著豐富的數量。不幸的是，近年來出現了明顯的繁殖失敗，科學家將這歸因於 1997 ～ 1998 年聖嬰現象擾亂洋流後，鯡魚群（沙丁魚及其親戚）在該地區的消失。這種鳥類要重新步上軌道，可能不只需要花哨的小步伐。

福克蘭群島

褐賊鷗 | Brown Skua

Stercorarius antarcticus

「鰭肢小鳥[27]，也就是你，吃魚」，在動畫電影《快樂腳》中，賊鷗老大對小企鵝波波這麼說「飛天大鳥，也就是我，專吃鰭肢小鳥和魚」，然後那隻棕色大鳥威脅性地靠近小企鵝主角說道：「而且最近魚不多了。」

是的，這部電影可能在某些方面有點自作主張了——首先，賊鷗不會操著濃厚的布朗克斯口音；但在生態學方面是精準的。這種強大的海鳥是機會主義的掠食者，完全有能力捕捉魚，但同樣擅長以企鵝寶寶為食，食腐對牠來說也是習以為常，遊蕩在海豹群周圍，吃胎衣或死亡的幼崽。簡而言之，如果有任何對肉食動物來說可食的東西出現在南冰洋貧瘠的海岸線上，這種鳥將是第一個知道的。《快樂腳》的故事背景設定在南極洲，事實上這種也被稱為南極賊鷗（Antarctic skua）的物種曾在南極點被記錄到，但牠也廣泛分布在副南極地區，食物充足的地方就能找到褐賊鷗的繁殖地；福克蘭群島就是其中一個地點，這個偏遠的群島為這種掠食者提供了豐富的食物——有著企鵝、鸕鷀和象鼻海豹的大型群落。

賊鷗與海鷗親緣關係接近。作為全球七種賊鷗中體型最大的一種，褐賊鷗可重達 2kg，牠身上的裝備非常適合獵食和搶劫的生活方式，具有可以撕裂肉的帶鉤鳥喙和強大的飛行能力，可以追上其他鳥並偷取其食物。雌鳥可以與多隻雄鳥交配，牠們合作保護共有的領域。築巢的鳥極具侵略性，會對入侵者進行俯衝轟炸，並經常表演招牌的賊鷗警告——向天空伸展翅膀，展示靠近翅膀末端清晰的白色弧線。在福克蘭群島，牠們在草地凹陷處產下兩顆蛋，一個月後孵化，比鄰近的鳥類要晚，這讓成鳥可以抓取其他物種的離巢雛鳥餵養牠們正在長大的雛鳥。

《快樂腳》對褐賊鷗來說可能不是一個好的宣傳管道。但在偏遠的南極洲前哨基地，這些好萊塢動畫中的小流氓卻擁有一群研究科學家粉絲。牠們可以變得極度馴化，其足智多謀的特質娛樂了觀察者，並展現出識別個別人類的能力。給他一點時間，或許布朗克斯口音也不是不可能的事情。

---

27 原文為 flipper boys，鰭肢（flipper）是企鵝的翅膀。

進一步探索

　　想要更深入了解鳥類，最好的方法就是走出去欣賞牠們，這再容易不過了，因為鳥兒無處不在：在你的花園和附近公園中、上班的路上、在海邊度假時。如果想更進一步，快速在網上搜尋當地或國家的保育組織，就能找到你附近的鳥類保護區或其他有看頭的好地方。對於旅行者來說，每個目的地都提供了新的鳥等你探索，不一定要參加專業的賞鳥行程：只要留心鳥類，就能豐富你對世界任何一個新角落的體驗，並且能夠讓其自然與文化成為亮點。

　　與此同時，紙上談兵的旅行者可以沉浸在豐富的鳥類文學中，當然還有一些令人眼花撩亂的鳥類影片，從電視紀錄片到 YouTube 片段應有盡有。還有別忽略了博物館；我最早對鳥類感到興奮的一些經歷來自倫敦自然歷史博物館的維多利亞時期畫廊。現在布滿灰塵的填充標本櫃可能看起來有些過時，但這些東西可以讓我們深入了解我們與鳥類的關係是如何演變的——當然，今天大多數博物館提供的遠不止如此。

延伸閱讀

　　我在研究這本書時參考了眾多資源，包括印刷品和網路資料。由於這不是一本學術著作，我沒有提供詳盡的書目，但以下是多年來對我具有重要參考價值或啟發的一些出版物，我會推薦給任何希望進一步了解鳥類或有意參與保育工作的人閱讀。

Atlas of Bird Migration：Tracing the Great Journeys of the World's Birds, Jonathan Elphick（Firefly Books, August 2011）
一本精采豐富的插畫書，涵蓋了這種驚奇現象的全部面向，包括超過 500 個物種。

The Atlas of Birds：Mapping Avian Diversity, Behaviour and Habitats Worldwide, Mike Unwin（Bloomsbury, June 2011）
一本我自己的書。藉由地圖的方式呈現了世界鳥類從演化到文化和保育的各個面向。

Birds Britannica, Mark Cocker and Richard Mabey（Chatto and Windus, 2nd Edition, April 2020）
詳盡而優美地記述了英國鳥類物種的社會和文化歷史。

Birds and Light, Lars Jonsson（Helm, November 2002）
這位著名的瑞典藝術家以少有其他藝術家能媲美的方式捕捉了鳥類的本質。令人目眩神迷的收藏。

Birds and People, Mark Cocker and David Tipling（Jonathan Cape, August 2013）
這是一部龐大、豪華且百科全書式的著作，探索世界各地人類與鳥類的關係，充滿了圖像和個人敘述。

Cornell Lab of Ornithology（birdsna.org）
這是一個全面的線上參考資料，包括超過 760 種在北美繁殖的鳥類，具有深入的物種介紹，加上聲音、圖片、影片和地圖。

Handbook of the Birds of the Western Palearctic, ed. Stanley Cramp et al.（Oxford University Press, September 1994）

一部指標性的九卷鳥類學手冊，涵蓋歐洲、中東和北非地區的鳥類。這是一個詳盡的資料庫，歷時 20 年製作，儘管在某些領域已經被更新的科學超越。

Raptors of the World, James Ferguson-Lees and David A. Christie（Helm, January 2001）
一本對於這種受歡迎鳥類群體的權威性指南，包括全部 340 種猛禽。

The Seabird's Cry, Adam Nicolson,（William Collins, April 2018）
一本由知名自然作家撰寫的強大之作，講述了十種海鳥的故事——牠們的生命週期、面臨的威脅以及牠們所激發的熱情。

Twentieth Century Wildlife Artists, Nicholas Hammond（Viking, September 1986）
在許多世界上最偉大的野生動物藝術家的精彩收藏中，鳥類佔據主導地位。本書探索了我們在藝術中描繪鳥類的方式如何反映我們的文化，並隨著我們的知識而演進。

Vesper Flights, Helen Macdonald（Vintage, August 2021）
出色、美麗且引人深思的散文，由一位當之無愧的暢銷自然作家撰寫，探討了我們與鳥類以及自然世界其他方面的關係。

The Life of Birds, David Attenborough（BBC, 1998）
這是由大衛‧艾登堡爵士編寫和主持的激勵人心的 BBC 自然紀錄片系列，共有十集，詳細描述了地球上各種鳥類行為的許多面向，其中很多是從未被影片紀錄的。已發行 DVD。

保育

以下組織都參與鳥類的研究和保育工作，許多提供有用的參考資源，有些還提供志願者可以參加的公民科學計畫。

奧杜邦學會 Audubon Society

（www.audubon.org）
北美首屈一指的保育組織，擁有超過450個分會遍布美國各地。推動保護鳥類和其他野生動物，提供出版物、野生動物保育以及公民科學計畫。

國際鳥盟 Birdlife International

（www.birdlife.org）
保育組織組成的全球合作伙伴，致力於保育鳥類、棲息地以及全球生物多樣性。其線上數據區（datazone.birdlife.org）是對全球所有鳥類及其狀態的全面參考資料。

英國鳥類學信託
British Trust for Ornithology

（www.bto.org）
專注於了解鳥類和鳥類族群變化的英國慈善機構。自1933年以來，BTO一直與志願者合作，通過調查和監測計畫推動鳥類學的發展。

ebird（ebird.org）

整合全世界賞鳥者的觀察紀錄的線上資源，創造出有助於鳥類研究和保育的大數據庫。

國際自然保護聯盟 IUCN

（www.iucn.org）
國際非政府組織，收集數據以監測地球上所有植物和動物物種的保育狀態。IUCN紅皮書為每個物種分配一個從無危（LC）到極危（CR）的保育等級。

英國皇家鳥類保護協會 RSPB

（www.rspb.org.uk）
英國最大的自然保育慈善機構。它倡導保育、鼓勵公民科學、管理自然保護區，並與眾多國際合作夥伴推動全球的鳥類保育和研究。

遊隼基金會 Peregrine Fund

（www.peregrinefund.org）
1970年成立的非營利組織，當時北美的遊隼幾乎滅絕。此後它將工作擴展到世界各地的許多猛禽，研究所知甚少的物種、保育棲息地、教育大眾，並建立社區的保育能力。

索 引

關於插畫家

三宅瑠人（Ryuto Miyake）是一位位於東京的插畫家和平面設計師，偏好傳統的繪畫風格，使用壓克力不透明水彩加上細刷在拉開的水彩紙上繪製，但他充滿細節的插畫卻具有現代感。他的客戶包括 Gucci、Toyota、Frieze 和 Bottega Veneta。*ryutomiyake.com*

作者謝辭

我想感謝所有在這本書背後付出辛勤工作和鼓勵的人們。能與勞倫斯·金出版社團隊合作是我的榮幸，我要感謝喬·萊特福特構思和委託這個項目，尤其要感謝梅莉莎·梅勒，在一個困難的時期（當 Covid-19 疫情打亂了出版界，以及其他一切）接手並展現高度的理解和耐心，更不用説幫助我完成本書所展現的卓越編輯專業知識。同樣感謝設計師馬蘇米·布里歐佐美麗的版面設計；不辭辛勞的審稿者羅西·菲爾海德和校對者艾利森·艾芙尼；當然還有三宅瑠人，他栩栩如生的插畫不僅賦予了本書生命，而且在極短的時間內完成，是一項了不起的成就。

我感激所有自然學家和保育人員，他們對鳥類的奉獻使我們對這些鼓舞人心的動物能有更深入的了解，沒有他們，我的生活將會截然不同，並且更加貧乏（我指的不是金錢）。同樣感謝我的朋友和同伴們，陪伴我踏上世界各地的鳥類旅行和冒險，分享鳥類的快樂勝過獨自擁有。最後，要感謝我的家人：我的父母，在我小時候鼓勵我對所有自然事物的愛；以及我的妻子凱西和女兒芙蘿倫斯，與她們一起享受了許多難忘的鳥時光。

加入晨星

即享『50 元 購書優惠券』

回函範例

您的姓名：　　　　　晨小星

您購買的書是：　　　貓戰士

性別：　　●男　○女　○其他

生日：　　1990/1/25

E-Mail：　ilovebooks@morning.com.tw

電話／手機：　09××-×××-×××

聯絡地址：　　台中　市　　西屯　區

工業區 30 路 1 號

您喜歡：●文學／小說　●社科／史哲　●設計／生活雜藝　○財經／商管

（可複選）●心理／勵志　○宗教／命理　○科普　　○自然　●寵物

心得分享：　我非常欣賞主角…

本書帶給我的…

"誠摯期待與您在下一本書相遇，讓我們一起在閱讀中尋找樂趣吧！"

國家圖書館出版品預行編目（CIP）資料

跟著80種鳥環遊世界：從印度栗鳶到智利安地斯神鷹，探索不同
地理環境中的鳥類自然生態／麥克‧昂溫（Mike Unwin）作；
三宅瑠人（Ryuto Miyake）繪；蔣尚恩譯. -- 初版. -- 臺中市：
晨星出版有限公司, 2024.07
232面；16×22.5公分. --（看懂一本通；21）
譯自：Around the World in 80 Birds
ISBN 978-626-320-847-6（平裝）

1. CST：鳥類 2. CST：動物生態學

388.8   113006087

看懂一本通 021

跟著80種鳥環遊世界
Around the World in 80 Birds

作者	麥克・昂溫 Mike Unwin
繪者	三宅瑠人 Ryuto Miyake
譯者	蔣尚恩
編輯	余順琪
特約編輯	楊荏喻
編輯助理	林吟築
封面設計	高鍾琪
美術編輯	林姿秀

創辦人	陳銘民
發行所	晨星出版有限公司
	407台中市西屯區工業30路1號1樓
	TEL：04-23595820 FAX：04-23550581
	行政院新聞局局版台業字第2500號
法律顧問	陳思成律師
初版	西元2024年07月01日

讀者服務專線	TEL:（02）23672044 /（04）23595819#212
讀者傳真專線	FAX:（02）23635741 /（04）23595493
讀者專用信箱	service@morningstar.com.tw
網路書店	http://www.morningstar.com.tw
郵政劃撥	15060393（知己圖書股份有限公司）
印刷	上好印刷股份有限公司

定價 499 元
（如書籍有缺頁或破損，請寄回更換）
ISBN：978-626-320-847-6

Around the World in 80 Birds
Text © 2022 Mike Unwin
Illustrations © 2022 Ryuto Miyake

This edition is published by arrangement with Laurence King
an imprint of The Orion Publishing Group Ltd, through Andrew
Nurnberg Associates International Limited.
All rights reserved.

Printed in Taiwan
版權所有・翻印必究

| 最新、最快、最實用的第一手資訊都在這裡 |